华章科技

HZBOOKS | Science & Technology

UI/UE系列丛书

交互系统新概念设计

用户绩效和用户体验设计准则

Conceptual Design for Interactive Systems

Designing for Performance and User Experience

[以] 阿维·法利赛（Avi Parush） 著
侯文军 陈筱琳 等译

机械工业出版社
China Machine Press

图书在版编目（CIP）数据

交互系统新概念设计：用户绩效和用户体验设计准则 /（以）阿维·法利赛（Avi Parush）著；侯文军等译．—北京：机械工业出版社，2017.1
（UI/UE 系列丛书）

书名原文：Conceptual Design for Interactive Systems: Designing for Performance and User Experience

ISBN 978-7-111-55873-6

I. 交… II. ①阿… ②侯… III. 人-机系统-系统设计 IV. TP11

中国版本图书馆 CIP 数据核字（2017）第 015309 号

本书版权登记号：图字：01-2016-3485

Conceptual Design for Interactive Systems: Designing for Performance and User Experience.

Avi Parush.

ISBN: 978-0-12-419969-9.

交互系统新概念设计：用户绩效和用户体验设计准则

出版发行：机械工业出版社（北京市西城区百万庄大街 22 号 邮政编码：100037）

责任编辑：朱秀英　　责任校对：李秋荣

印　　刷：中国电影出版社印刷厂　　版　　次：2017 年 4 月第 1 版第 1 次印刷

开　　本：186mm × 240mm 1/16　　印　　张：11

书　　号：ISBN 978-7-111-55873-6　　定　　价：79.00 元

凡购本书，如有缺页、倒页、脱页，由本社发行部调换

客服热线：（010）88379426 88361066　　投稿热线：（010）88379604

购书热线：（010）68326294 88379649 68995259　　读者信箱：hzit@hzbook.com

译者序

随着互联网市场的不断发展，人们生活的各处都充斥着互联网产品，各公司产品之间的竞争也愈发激烈。而优秀的设计能使产品具有良好的用户体验，这往往是竞争获胜的关键所在。因此无论是企业界还是学术界，近年对于用户、交互设计以及概念模型的研究比重都一直在加大。我们在交互设计与用户研究领域从事教育研究工作多年，发现许多产品虽然有着出色的设计初衷和精美的界面，但最终产品上线后却没能拥有良好的用户体验。很大的一个原因在于产品的原型是由设计师根据需求直接构想出来的，忽视了产品交互系统中的概念设计，使得产品在用户需求与原型之间存在鸿沟。这是学生及新手设计师常犯的错误，而本书成体系地描述了概念设计过程中的关键步骤，并依据作者多年的经验总结归纳出交互系统中概念设计的各类准则与规律。

本书对于概念设计与交互设计的理论叙述深入浅出、条理清晰，并用丰富的例子加以佐证，这些精准的描述与清晰的图表能很好地帮助读者理解和运用设计理论。书中提供了一套系统的概念设计体系，引导用户体验设计人员根据以下几步进行设计：构建功能模块——创建概念模型元素——创建物理模型元素——创建细节概念元素——设计用户界面元素。无论对于新手还是专家设计师，本书都有很好的学习参考价值，同时也是程序工程师的好帮手。

本书前半部分是理论研究部分，对概念设计各阶段进行理论分析。如果读者没有经历过产品概念设计，阅读这部分时也许会对一些设计理论感到抽象，我们建议初次阅读时对于这些地方不必过于纠结，可以先行跳过。在本书的后半部分，作者依据之前概念设计的理论流程，对一款运动应用进行完整的设计，通过案例帮助读者更好地理解前文所提出的各类抽象概念，这时再回过头看之前的各条理论，会有更深刻的认识。

本书的翻译工作是多人合作努力完成的，由侯文军教授主持翻译工作，参与的译者有陈筱琳、戴也、李豪、朱勤维、刘洋和王策。其中，第 1 ~ 5 章由李豪翻译，第 6 ~ 8 章由刘洋翻译，第 9 ~ 10 章及总结由陈筱琳翻译，第 11 ~ 13 章由王策翻译，第 14 ~ 16 章由戴也翻译，第 17 ~ 19 章由朱勤维翻译。

由于本书很多地方涉及概念设计与人机交互中较新的领域，因此有些词汇的翻译并无先例，我们在翻译本书的过程中，唯恐因为自身的才疏学浅，无法准确地将原书的风采展现给读者。因此，我们一直在努力做好每件事情。但是，无论如何尽力，错误和疏漏在所难免，敬请广大读者批评指正。我们的邮箱是 bupthci@sina.com，随时欢迎您的每一点意见。

侯文军

北京邮电大学

2017 年 3 月于北京

序　言

一直以来，那些塑造用户体验的交互设计师们都在致力于降低新手的操作难度和满足专家用户提出的苛刻需求，从 15 世纪的书籍设计师，到 19 世纪的火车设计师，再到 21 世纪的智能手机设计师，均是如此。他们的创新设计源自于对人的深刻理解、对不同社会环境的敏感以及那些创造出新的技术应用途径的思想火花。

当卷轴被编订为书籍，页码计数这个理念就使得目录、索引和交叉引用成为可能。这一突破性发明源自于人们意识到书本可以以除卷轴之外的形式存在。同样，当马车演进为火车又演进为汽车，这其中蕴藏的变化早已甚于马车夫的消失。新的用户需求以及新的技术都需要对用户体验进行彻底改变，其中的隐喻、术语、视觉表达、色彩、声音、材质、形状以及每一个组成部分的大小都需要重新考虑。从而，那些重新定义的用户操作才能满足新的设计机会和需求。

每一代设计师都拥有重塑人类体验的新机会，使用户体验变得比过去更简单、安全、愉快，甚至更吸引人。当我研究直觉化操作概念时，这些想法在我脑海中日渐清晰。它在认知模型的基础上提供了一套原则，增进了设计思维。概念模型中的关键原则是“对象和行为的视觉表示”。例如，文件与文件夹的图标是相应的文档或表格图形，垃圾桶是“删除”这一操作的视觉表示。另一个直接操作的原则是“快速、渐进与可逆的操作”，比如从键盘输入命令到鼠标或触摸屏拖放、单击、双击、悬停以及其他对于对象或者行为的直觉化操作等重大改变。

桌面直接操作这一概念使得许多应用程序的教学与再设计成为可能，同时也催生了把文字变成高亮的超链接这一设计，从而促进了万维网的成功普及。直觉化操作也导致了不同的触摸屏设计的出现，包括移动设备上的小键盘与手势操作的结合，以及触摸屏在家庭控制、机场服务亭和博物馆展览中的应用。直觉化操作概念模型也催生了交互式信息可视化策略的产生：用能够同时从 5 ~ 15 个窗口中过滤数据项的动态查询滑块来控制多个协同窗口。

也有些概念模型设计师将旧的设计应用到新的方向上，比如，纸质图书向电子图书的转化，汽车仪表盘旋钮向触摸屏插件的转化。然而，用户体验设计师最显著的成就还是体现在 60 亿手机用户身上。虽然摩尔定律和其他科技进步也很重要，但我认为，为用户奉上网络浏览器、桌面和智能手机 App 这顿大餐的设计“大厨”们更应该获得褒奖。我们的生活变得更好了：大多数情况下，便捷的沟通让家庭凝聚在一起，电子商务促进了商业的进步，先进的健康管理延长了寿命并提高了生活质量。诚然，网络罪犯、骗子、垃圾邮件发送者甚至恐怖分子也在利用这些新技术，这提醒着我们，易用性和普遍性在给我们带来便利的同时，也具有需要我们时时保持警惕的消极面。

Buckminster Fuller 是一位卓越的现代文艺复兴风格的思想家，他提出了“综合预期设计学”。“综合预期设计学”鼓励新概念模型设计师在设计时思考对于未来的影响，考虑预期外的副作用，尊重利益相关者的多样化需求，并确保可用性。他也强调了对现实的认识以及设计伦理的重要性。我们应该继续阅读他的著作，接受其思想的熏陶。

总之，科技的进步给设计师带来了巨大的机遇和挑战。有数以千计的书籍和网站介绍着包括设计思想、设计方法、设计理论、设计研究、设计科学在内的方方面面。新手设计师可以通过这些多样的渠道进行学习。而现在，Avi Parush 为设计师提供了一个全新的视角，帮助他们理解如何发展基本概念和如何构造信息架构，以实现清晰的功能、合乎逻辑的架构、一目了然的导航及策略、易于理解的形式以及引人入胜的细节。这种分层的方法已经成为设计规范的标准。Parush 引导新手和专家设计师根据以下几步进行设计：构建功能模块——创建概念模型元素——创建物理模型元素——创建细节概念元素——设计用户界面元素。

Parush 的描述不但精准，而且用例子加以佐证。他用严谨的措辞和清晰的图表引导读者理解他的理论并厘清概念。当然，每一个旅行家和设计师都要找到属于自己的道路，而 Parush 宝贵的指南将在帮助新手用户体验设计师更容易地掌握新系统的同时，给专家设计师更多的灵活性。

Ben Shneiderman

马里兰大学

2015 年 2 月

前　言

这是本关于什么的书

这本书是关于交互系统的概念模型和概念设计的。

有很多精美的应用，尽管它们都设计得十分吸引人，但还是让许多用户感到失望。在设计界面之前，你需要考虑什么，以确保应用程序能提供积极的用户体验？概念设计是在用户界面设计过程中可以回答这个问题的一个关键步骤。这本书提供了一个实现概念设计的有效方法。

让我们研究一个实际的例子，借此说明在设计和开发交互系统的整体背景下你可能会遇到的概念模型。想象一个在移动设备上的运动应用。在这样的应用中，计划设计一个功能来回顾已完成的运动，我们可以设想一个非常简单的包括三个主要步骤的设计过程（图 1）：

1）选取一些功能。
2）草拟一个线框图，并对其进行测试和修订。
3）完成用户界面的细节设计。

然而，我们究竟如何从步骤 1 的功能列表进行到步骤 2 的详细线框图呢？还有一些需要回答的问题，如：

- 我们如何以及何时决定哪些项目应该分成一组？例如，“已完成的运动”是否应该组成一组？

- 我们定义了其他组的功能吗？例如，是否应该有一组是“已计划的运动”？
- 我们定义了组之间的关系吗？例如，“已计划的运动”和“已完成的运动”这两组是否在某种程度上是相关的？
- 我们定义了用户是否应该能够从一组到另一组吗？例如，用户是否应该能够从“已完成的运动”到“已计划的运动”？
- 我们确定了这些组在哪里吗？例如，“已完成的运动”会单独显示在屏幕上，还是与“已计划的运动”一起显示？
- 更多的问题……

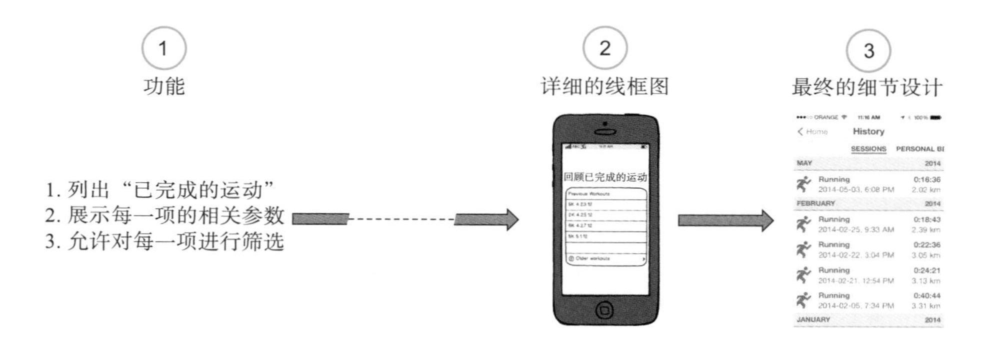

图 1　运动应用的三步设计流程的假设

这些问题和例子反映了设计和开发交互系统在方法上的差距。特别是，它们一方面反映了调研和需求之间的鸿沟（图 1 中的①），另一方面反映了细节的设计（图 1 中的②和③）。然而，还有另一个插图来填补空白（图 2 中的②和③）。

这本书描述了概念设计过程中的关键步骤。这个过程的基础是有效的方法论和良好的科学知识，而不是视觉设计。它填补了设计研究和分析的部分，在概念设计中，我们定义了设计和开发交互系统的逻辑模型。

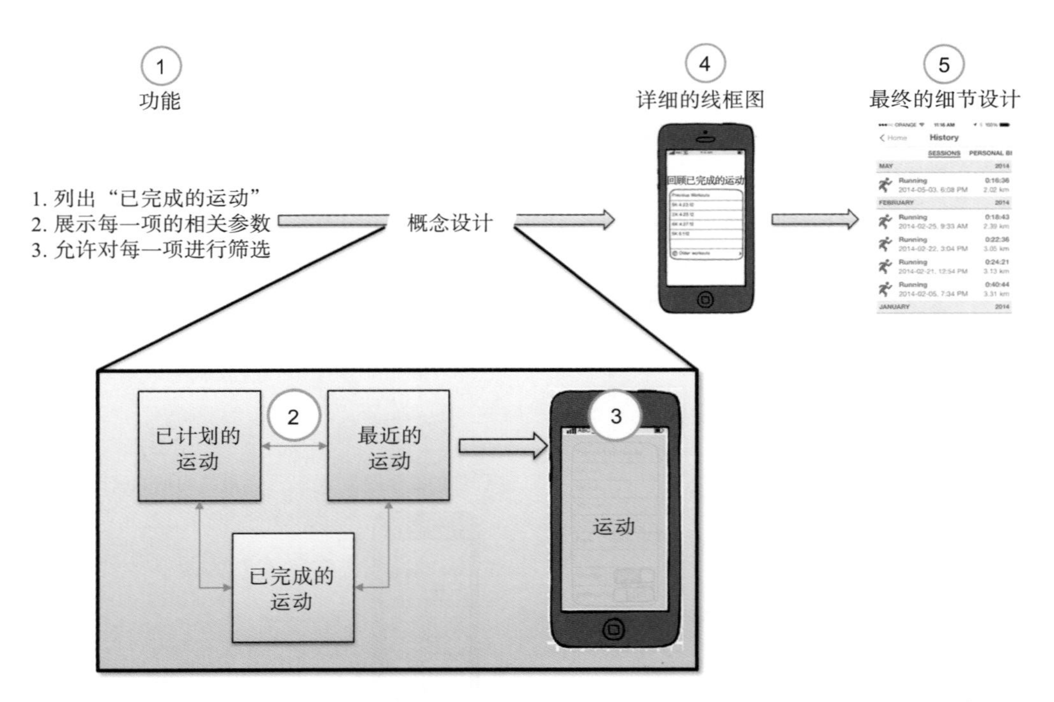

图 2　概念设计一方面成为调研和功能确定之间的桥梁，另一方面也反映了细节设计

这本书适合你吗

如果符合以下任意一条，这本书就是适合你的：

- 你设计用户界面。
- 你正在寻找方法来提高产品的可用性。
- 你正在寻找一套成熟的系统来支持从需求到设计的创造性飞跃。

如果你设计用户界面，并正在寻找方法来提高设计的可用性，那么这就是为你准备的书。如果你仍然感觉从功能需求到界面设计的飞跃是一种神秘的体验，并且想引入一个系统且成熟的方法，那么这就是为你准备的书。如果你审查或测试他人设计的用户界面，并正在寻找正确的语言来分享反馈信息，那么这就是为你准备的书。无论你是产品经理、UX 和 UI 设计师、程序员、市场营销人员、平面设计师、投资者或产品的任一利益相关者，都适合阅读这本书。

使用这本书需要哪些必备的知识吗？是的，需要一些。本书重点介绍了整个用户界面设计过程的一部分：概念设计。这就是为什么你应该知道一些关于以下方面的事情：

- 用户界面、可用性和用户体验设计的基本原理。
- 以用户为中心或以人为本的设计过程。
- 用户调研。

通过学习和使用本书，你将实现两个目标：

1）了解功能模块、架构、导航和策略方面的概念模型，并了解定义概念模型的方法是如何影响用户绩效、可用性和用户体验的。

2）开发概念模型的一个坚实的概念设计方法。

你可以也应该花时间去构建一个概念模型，即使你采用的是旨在尽快给客户和最终用户呈现成果的敏捷或者精益的开发过程。本书对以下想法或观点提出了挑战：认为太多的用户调研会浪费时间，在探索各种想法时画线框图和开发纸原型是浪费时间。通过进行概念设计，而不是跳过这个关键阶段，会使系统更具可用性，结果是显著地节省了时间、金钱和物力，你可以避免无用系统的扩散和为了使系统更有效而重新设计的成本。

这本书是如何组织的

这本书分两部分。第一部分是理论研究，它侧重于概念模型的概念及其对用户绩效、可用性和用户体验的影响。你可以把这部分作为一个入门介绍，它讨论了“概念模型”这一概念。第二部分是实践部分，它专注于概念设计过程以及构建概念模型的方法，第二部分将引导你开发一个概念模型，你可以将它作为指南来使用。

致　谢

写一本书所付出的努力对我来说是一项无比艰巨的工作。但是这一切成为可能是因为在写作的漫长旅程中有那么多人在支持我。

首先感谢 Debi，她是我的妻子、最好的朋友和伙伴。多年来，我们共同在人机交互领域工作，你是真正理解这本书的人。我们共享了很多机会，从而能够发展和总结我关于概念设计的想法以及有助于开发概念原型的方法论。Debi，是你让我写作这本书的愿望成为了现实。

我弟弟 Zeev Parush 是一个经验丰富的用户界面设计和用户体验领域的专家。我们讨论甚至辩论一般性的设计和概念设计中的许多挑战以及从事这项工作的意义。Zeev，你对本书早期草稿的宝贵评论让我反思和重写了这本书的部分内容。

Ben Shneiderman 教授一直是启发我灵感的人。在人机交互研究的讨论中，你的开拓性观点和思想让我学到了很多，在我的专业和学术生涯的各个阶段都有你的鼓励，你对本书的支持对我一直非常有影响力。

我与 Tom Hewett 教授曾展开过很多讨论，话题包括人机交互的各种问题、调研、认知心理学、道德规范以及优秀和平庸的纯麦芽威士忌之间的区别等，感谢你那些令人兴奋和充满启发的分享。

在我作为人机交互领域从业者的几年中，感谢和我一起工作过的客户们，所有的项目都给了我宝贵的机会，使得我可以在整体上发展用户界面设计模型，特别是概念模型。

感谢一届届的学生，他们虽然不得不参加一个以概念模型这样抽象的概念为主题的课程，但仍然提出了一些值得思考的问题。他们挑战我的想法，并推动我继续完善我的想法。

感谢本书最初出版计划的审阅人——我的朋友和同事 Ben Shneiderman 教授、Whitney Quesenbery 教授以及 Ohad Inbar 博士，他们不仅在如何写这本书的问题上提供了非常有建设性的建议，还鼓励我完成它。

感谢本书早期草稿的审稿人——Claire Rowland 和 Linda Lior，他们给出了出色的和建设性的反馈意见，帮助我把草稿修改成一本更好的书。

感谢 Morgan Kaufmann 的编辑 Lindsay Lawrence、Meg Dunkerley 和 Heather Scherer，以及产品经理 Punitha Govindaradjane 和 Todd Green。你们的支持、耐心和理解使这一切成为可能。

最后，感谢我亲爱的父母 Miriam 和 Meir。我成长于学术写作的氛围中，父母一直鼓励我追求学术兴趣。我父亲自己也是一个有成就的作家，他激励着我的写作，感谢你为我的职业生涯奠定了坚实的基础。

目　录

第一部分　概念模型：基本原理

第二部分　概念设计：方法论

第一部分
概念模型：基本原理

前言和这部分的标题告诉我们本书中的关键概念是“概念模型”。本书第一部分的目标是提出在交互系统中概念模型的基本原理，并论述其作用。简单地说，概念模型就是概念元素的结构和它们之间的导航。因此，概念模型是任何交互系统中用户界面的基础。在进一步说明抽象词汇和句子之前，让我们先分析一个例子，设计一个有效且一致的用户体验交互平台是很有挑战的。在本书中，我们将把重点放在这些问题上，这部分的例子是一个多平台的交互实例。

第 1 章

多平台交互实例：设置预约

为了说明概念模型的基本组成，我们将介绍和分析**现有的 4 个日历应用程序**。这 4 个应用程序都支持预约，并且每个应用程序都建立在不同的平台上。这样的对比可以告诉我们如何使用不同的概念模型来实现相同的目标。

4 个应用程序在交互流程中的第一步是相同的：用户可以通过点击日历或激活一个新的项目来创建预约，并选择开始的日期和时间。第一步之后，概念模型的演示开始于确定下一步的工作。对这 4 个应用程序而言，我们将执行以下任务：

1）确定预约的基本细节：主题、地点、日期和时间。
2）为预约的时间设置提醒。
3）将预约的时间设定为周期。

样本中的日历应用程序处于以下 4 个交互平台中：

1）计算机桌面窗口。
2）基于网络。
3）平板电脑。
4）智能手机。

下面是与每个应用程序交互的详细描述：

设置预约的**第一个应用程序**是一个通常安装在台式机和笔记本电脑上的常见程序，它是使用普通图形用户界面（GUI）的窗口式程序。在“日历”的用户界面中，用户可以在“预约”窗口的第一个选项卡中执行这些任务。这个窗口的标题和第一个标签都是“预约”（Appointment，图 1-1）。值得注意的是，用户在用户界面中哪些地方执行下列任务以及如何执行这些任务：

1）设置预约的基本参数：输入预约的主题和地点，详细设置日期和时间。
2）设置提醒的时间：在弹出式列表中选择提醒时间。
3）设置提醒的周期：参数包括预约时间、重复频率和重复的日期范围。

第二个应用程序是一个基于网络的日历。与基于窗口的应用程序一样，此程序的交互流同样允许在日历中的某个特定时间开始，在该案例中，日期和时间都已设置为从当前时间开始（图 1-2 中的弹出窗口①）。用户可以：

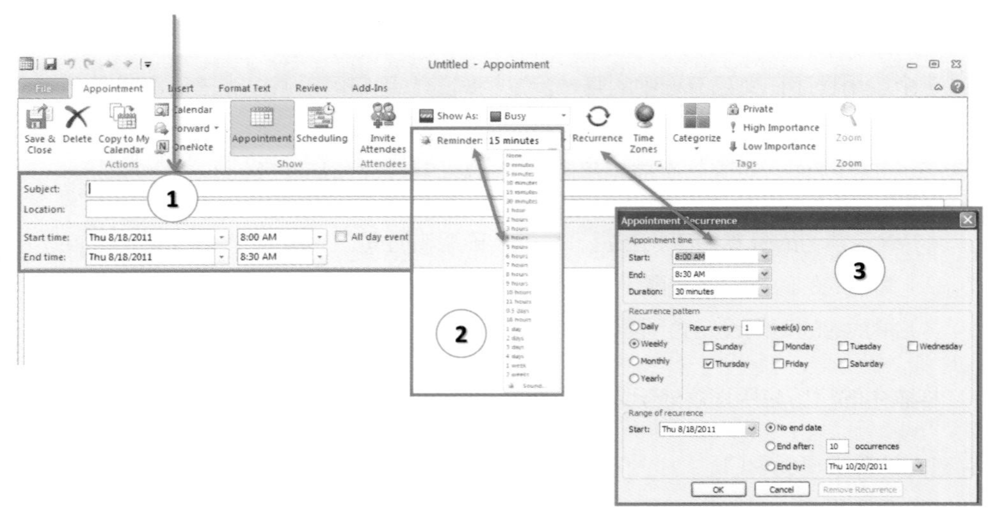

图 1-1　基于窗口的 GUI 应用程序，用于完成目标——设置预约

图 1-2　基于网络的应用程序，用于完成目标——设置预约

1）在页面右上角设置预约会议的基本参数。

2）在页面的另一个地方设置提醒，打开一个弹出式列表，设置提醒预约的时间。

3）打开一个弹出窗口，设置周期，其中包括重复频率和附加信息。

第三个日历应用程序用于平板电脑。和前面两个应用程序一样进行分析，在交互流程开始之后，屏幕上弹出一个对话框（图1-3中的①）。用户可以：

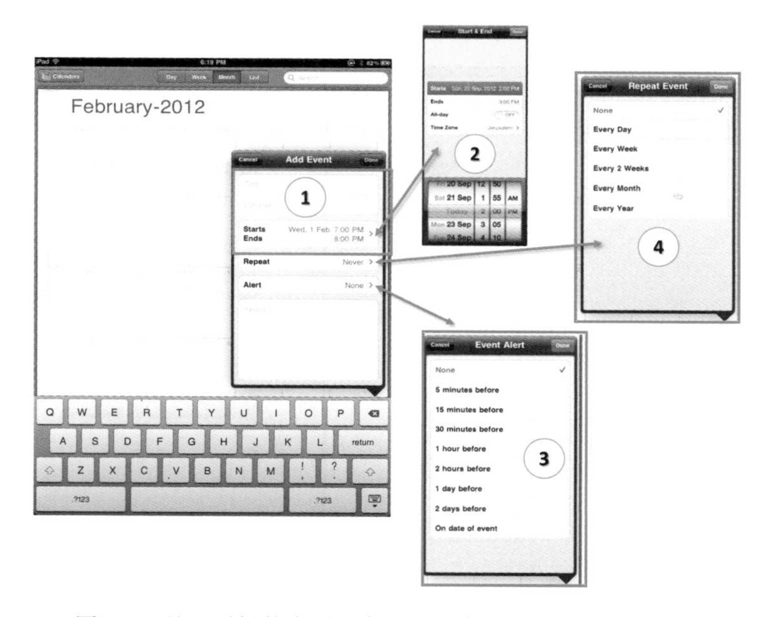

图1-3　基于平板的应用程序，用于完成目标——设置预约

1）在窗口的顶部直接设置预约的主题（目的）和地点。

2）设置或修改预约的日期和时间，新的弹出窗口出现在之前窗口的上层，其日期和时间可以设置（在扩展的窗口完成预约的设置，关闭二级窗口，并返回到主窗口）。

3）设置提醒，打开另一个弹出窗口，用户可以选择提醒时间，关闭二级窗口，并返回到主窗口。

4）设置预约时间的周期，打开另一个弹出窗口，用户可以设置重复的频率，关闭二级窗口，并返回到主窗口。

第四个应用程序是在带有触摸屏的智能手机上。用户在一个新的填充式的对话框中创建新预约（图 1-4 中的①）。用户可以：

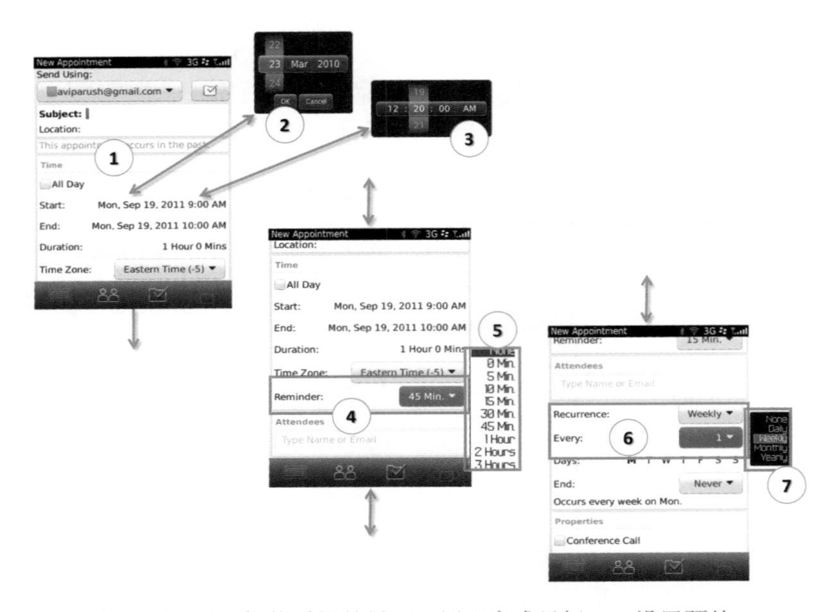

图 1-4　基于智能手机的界面，用于完成目标——设置预约

1）在屏幕的顶部定义预约的主题和地点，可以直观地看到并进行操作（预约的日期和时间也在顶部并且可以操作）。

2）设置或编辑预约的日期，需要在预约屏幕的顶层打开一个小的弹出窗口，但会遮挡背景。

3）用与设置日期相同的方式设置时间（一旦设定了参数，用户可以通过关闭弹出的窗口并返回到原来的主窗口来结束这个扩展的交互窗口）。

4）在同一窗口中向下滚动来设置提醒，如图 1-4 中的④所示（此处用户打开一个弹出列表来选择提醒的时间）。

5）用户继续向下滚动窗口来确定预约的周期，如图 1-4 中的⑥所示（如之前，用户打开弹出列表，以选择重复参数）。

通过 4 个比较简单的应用实例，让我们思考一下。我们知道这 4 个应用程序支持用户实现相同的目标：设置预约，设置周期，并给预约设置一个提醒。然而，为什么它们的样式和操作方式并不相同呢？答案很明显：每个应用程序都运行在不同的交互平台，每个应用程序的设计都应符合各自平台的外观和风格。

然而，这就是全部的差异吗？此外，这些差异重要吗？本书的观点是：它们在更基础的地方有差异，并且确实很重要。为了详细说明，我们将继续讨论概念模型，并说明这些基本的差异以及它们的影响。在这之前，让我们再介绍一点。

你可能已注意到，应用程序的交互流程对每个操作的描述就像用户“去”某个“空间”，或者像“到处行走”。本书下面的章节将讨论“空间”之间的关系、概念模型的元素，以及它们之间“物理空间”的关系，比如窗口、对话框和网页，我们称之为空间隐喻。接下来，我们将讨论空间隐喻的意义以及在概念模型中抽象的重要性。

第 2 章

空间、路径和抽象

在设计网站时，有一个非常普遍的术语是信息架构。提起“架构”一词意味着讨论基本功能、框架和布局。提起架构方案，就像图 2-1 所示。

图 2-1　一个简单的架构方案

此方案提供相当简化的细节。它提供的是一个给定功能（例如，厨房和卧室）的空间整体布局，每个空间都在相对其他地方的整体架构中。此外，通过对门和通道的描绘，方案还为我们提供了从一处到另一处所需路线的明确信息。作为最简化的方案，在进行实施前，该图在评估架构计划时是非常有用的：是否提供了所有需要的功能（例如，有一个房屋）？是否有足够的空间分配给每个功能（例如，餐厅和客厅应该是最大的地方）？入口是否合适？从一处到另一处的路线和距离之间支持简单的导航吗？换句话说，在介绍细节之前，一个有代表性的架构方案可以给我们提供全局的功能。

概念模型的描述与架构方案相似。它有助于确保每个功能有一个“空间”，并且从一处到另一处路线的导航充分地支持交互工作流程。在添加细节之前，我们怎样才能最好地视觉化表现这些全局特征？在对概念模型进行分析和讨论时，我们使用了方框和箭头这些视觉语言。也就是说，我们以抽象的术语形式谈论概念模型，而不添加任何细节。为什么在进一步涉及细节之前，保持在抽象层面设计和讨论概念模型很重要？

概念模型的抽象描述能很好地表现人类感知和理解的基本特征。有一个经典的人类认知和关注方面的研究（Navon，1977）表明，视觉场景的全局结构往往先于任何局部特征的感知，并非一次看到所有功能。最初的研究使用的刺激类似于图 2-2 所示。这项研究的结果表明，人们对识别图 2-2 中的左、右两个字母“H”的元素相较识别出哪一个字符是由大“H”组成的反应更快（“H”为左侧的刺激，“S”为右侧的刺激）。大写的“H”被视为视觉场景的全局特征，而构成大字母的字母被认为是局部功能或细节。这被称为“整体优先效应”，在一般情况下，整体优先学说认为，视觉场景的处理随着时间的推移首先关注全局特征，随后是局部特征。

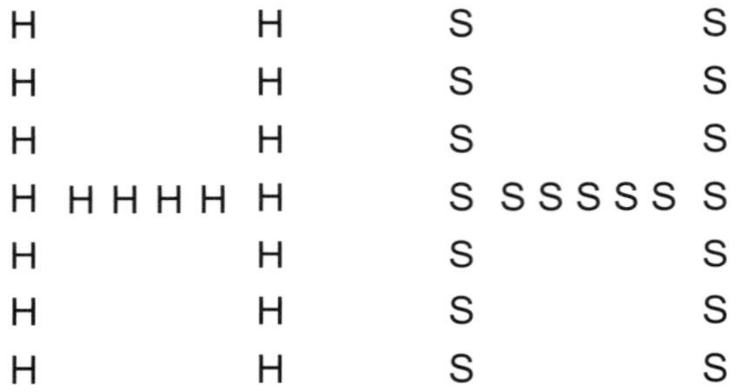

```
H         H     S          S
H         H     S          S
H         H     S          S
H HHHH H     S SSSSS S
H         H     S          S
H         H     S          S
H         H     S          S
```

图 2-2 用于 Navon（1977）整体优先的原始研究的刺激

我们可以使用概念模型的抽象描述来展现模型的全局特征，之后我们添加的所有细节都将是局部功能。概念模型这样的描述足以应用于对用户绩效和用户体验的影响方面的早期评估中。在沉浸于细节之前，当我们第一次遇到“全局特征”时，最好由相关人员对概念模型进行评估。当我们谈论概念模型时，视觉感知和理解上符合自然“整体优先”是我们对空间隐喻和空间术语的运用。

第 3 章

概念模型的分层框架

我们将使用分层框架来定义和分析概念模型。为什么要分层？这就像剥洋葱。这个常见的比喻是指我们只有一层层剥开直到中心，才能发现洋葱真正的味道。当涉及交互系统的用户界面时，可以把我们在用户界面中所看到的作为外层，并可以想象为了揭示核心有一些需要进行剥离的内部层和隐藏层。

本书的第一部分介绍和分析概念模型，我们层层剥开来揭示核心——基础的概念模型。在书中的第二部分，我们用另一个办法系统地构建一个概念模型：从抽象到具体一层层地向上添加。图 3-1 展示了分层框架代表的概念模型所在的整体环境。

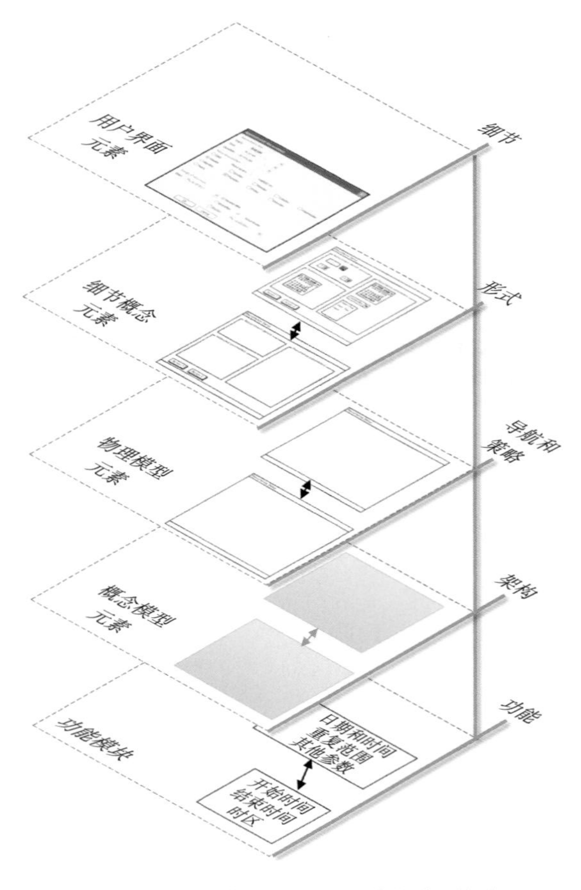

图 3-1　概念模型和细节设计的分层框架

该框架自下而上由 5 层组成：

1）**功能**层由功能模块组成，包括一组组任务和对象以及用户用来完成目标的相关参数。

2）**架构**层由概念模型元素构成，包括用户执行每一项功能所必须访问的隐喻的“空间”和这些“空间”之间的连接。

3）**导航和策略**层描述了导航和导航规则，包括用户在“空间”之间移动所采取的“路径”，包含一个或者多个概念“空间”的物理元素，以及管理物理元素间交互关系的策略。

4）**形式**层由详细的概念元素组成，作为从概念到详细设计的过渡。

5）**细节**层由用户界面元素组成，包括用户为执行任务而访问的每个空间的每个界面元素的详细外观和感觉。

概念设计解决用户**在哪里、做什么**的问题，但是不涉及细节。在此框架中，概念设计涵盖功能层、架构层以及导航和策略层。向细节设计的过渡发生在形式层上，在形式层中加入细节，最终把概念设计变成一个完整详细的用户界面。

对概念模型的分析讨论将层层剥开。我们将逆向分析日历实例，从底层来揭示其各自的基本概念模型元素及其特征。

第 4 章

功　能　层

4.1 功能模块

许多驱动因素可确定产品的功能：用户和其他利益相关者的需求，产品的规划和定位，业务目标和模型以及技术。而这些最终都将呈现在功能层上，包括有关应用和系统范围的所有参数、信息项和操作（例如，时间管理）。所有的这些组合起来，就代表了产品的功能。

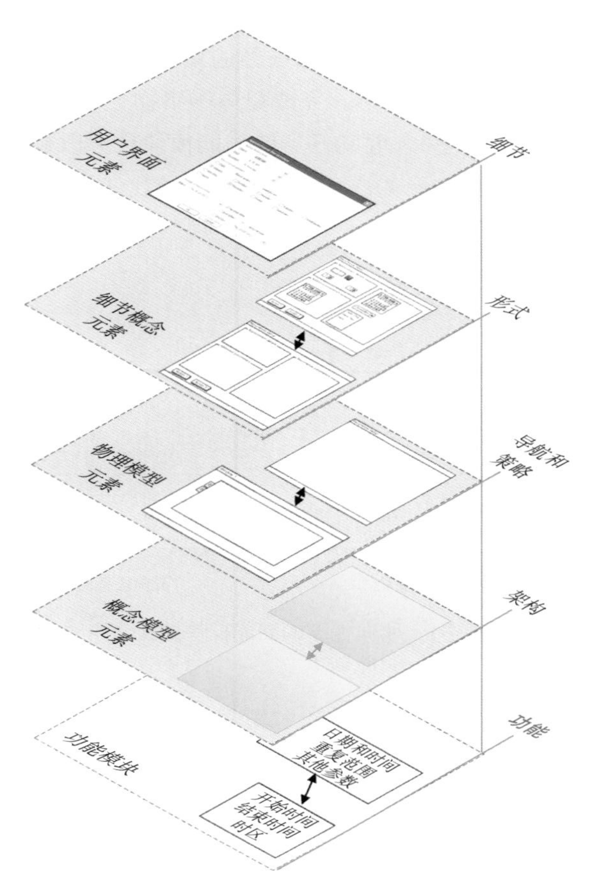

根据共同目标或用户意图，设计师通常把参数、信息项和相关操作分组到给定范围的功能模块。在相关研究和分析的基础上，他们定义了功能模块（用户、市场等）。功

能模块可以围绕任务或目标。在本书中，我们把重点放在两个主要形式的功能模块：面向任务的和面向对象的。还有另一种形式的功能模块，就是面向内容的功能模块。我们这里提到它，但本书的方法论部分不会讲解。定义这些功能模块是概念设计过程中的一部分，本书的第二部分将讲解概念设计的方法论。

4.2　面向任务的功能模块

面向任务的功能模块是有共同目的的任务的集合（参见图 4-1）。面向任务的功能模块使用户能够达到实际的目标，完成具体的事物（如设置预约、设置提醒或获取有关某个特定主题的信息）。面向任务的功能模块也可以是纯粹以娱乐为目的或者只是提示性质的，没有实际的作用（例如一个游戏任务："按照一组规则放置所有的卡片"）。

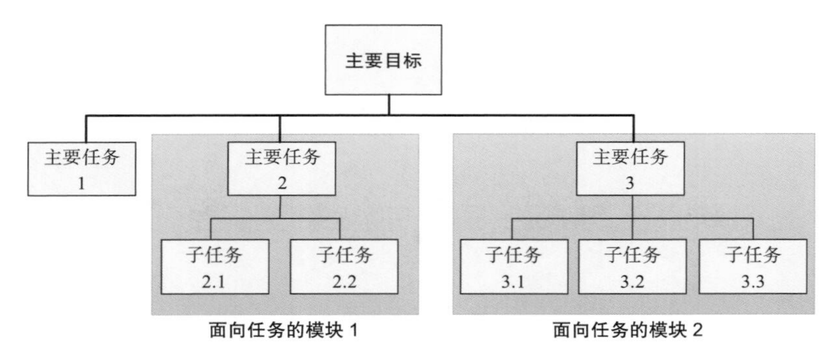

图 4-1　面向任务的功能模块的概念

4.3　面向对象的功能模块

面向对象的功能模块包括应用程序主体范围的对象（例如，预约、打印机、网页、旅行或停车位）和与该对象相关的任务（图 4-2，Shneiderman，1998）。

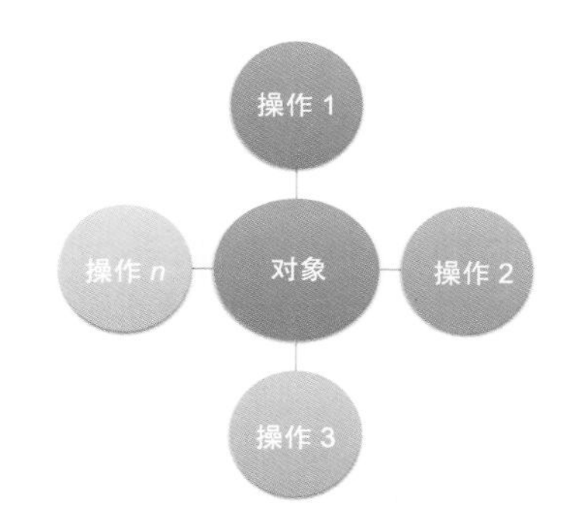

图 4-2　面向对象的功能模块的概念

4.4　面向内容的功能模块

面向内容的功能模块是信息项的集合。每一功能模块都是一个内容分类。用户为了各种各样的目的而寻找和使用的典型信息项（图 4-3）。

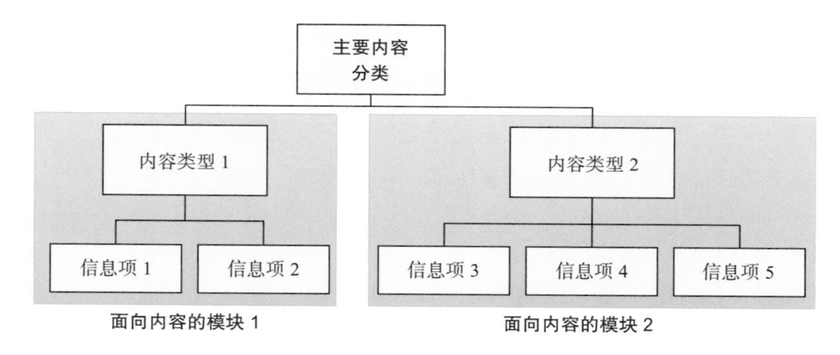

图 4-3　面向内容的功能模块的概念

4.5　功能模块与复合功能模块之间的关系

通常，单一的功能模块不完全支持一项任务的完成。更多的时候，它也不能实现用户目标。在这种情况下，我们寻找一些相关的功能模块来支持任务完成或目标实现。我们甚至可以把几个任务、对象和内容的功能模块组成一个复合功能模块（图 4-4）。

一个复合功能模块中有几个功能模块取决于功能模块之间关系的强度。关系的强度取决于使用频率、任务结构和交互流程，让我们用一个小例子来说明。在帮助用户准备打印时，我们可以使用一个复合的功能模块，包括面向对象的功能模块，如打印机和页面，而这些都涉及面向任务的功能模块，包括打开、改变、删除、保存和打印。

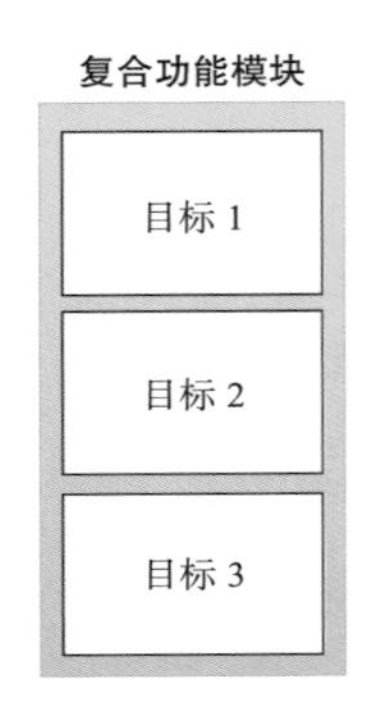

图 4-4　复合功能模块的概念

预约会议例子中的功能模块

4 个应用程序实现在不同的平台上提供相同的功能：创建一个新预约的各种参数。在每个应用程序中，这个共同的功能像是纽带将旨在支持完成该功能的三个模块的参数和操作联系了起来。预约设置程序例子中的“功能模块”包括以下内容：

1）子目标 1：确定预约的细节。
- 参数：预约的标题、日期和时间以及地点。
- 行为：确定或取消预约的细节。

2）子目标 2：设置提醒。
- 参数：时间是在预约开始之前。
- 行为：确定或取消参数。

3）子目标 3：确认预约的周期。
- 参数：给定时间内重复的频率或次数。

功能模块的内容反映了用户在做什么，分层的任务结构能在形式上表示这些内容。任务树的根部是用户的主要目标：4 个程序通常在此设定预约的关键细节。这一目标进一步分解为 3 个子目标及其相应的操作（图 4-4 和图 4-5）。

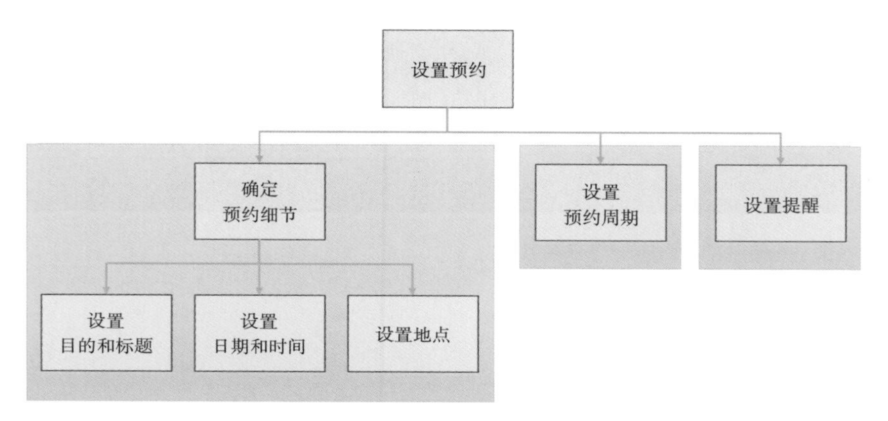

图 4-5 用于完成设置预约目标的任务结构，焦点在每个子目标的功能模块上

这个例子中的功能模块是面向任务还是面向对象呢？似乎所有的参数和行为都围绕着一个抽象对象：预约。因此，所有关于设置预约的参数和操作可以被看作是一个单一的面向对象的功能模块。然而，按每个子目标分开这个功能模块，就是面向任务的功能模块。在本书的方法论部分，我们将讨论功能模块的结构，目前这个例子只是一个示范，不同性质的功能模块，包括面向任务或面向对象的，结合起来以更好地服务于高级的用户目标。

第 5 章

架 构 层

架构层是功能模块和它们之间关系的抽象概念，最终是根据它们之间的关系形成的概念模型元素，换句话说，我们可以把这称为功能架构[⊖]。

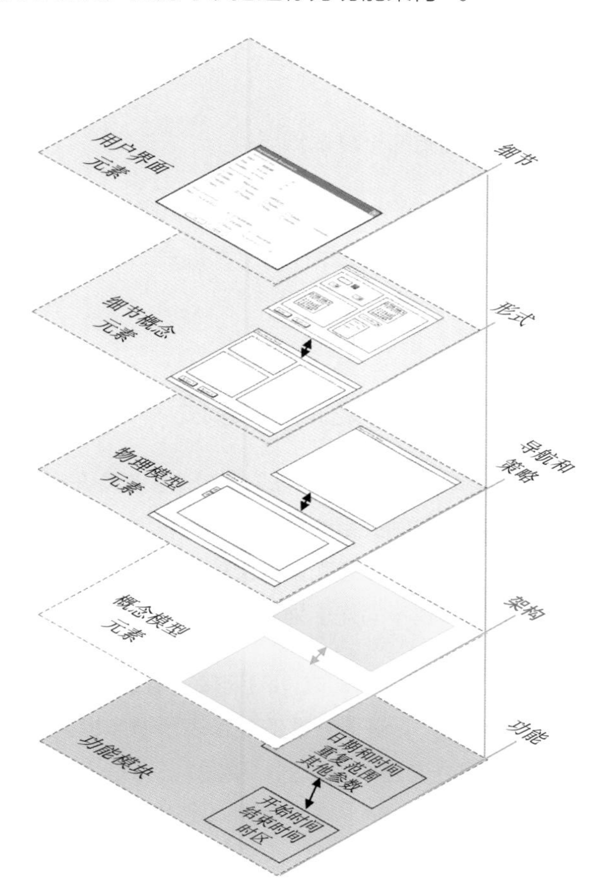

5.1　概念模型元素

用户的操作经常需要从做一件事情“过渡”到去做另一件事情，然后直到完成目标。如前面所讨论的，我们倾向于用一个空间隐喻来描述这种交互流程。空间隐喻描述

⊖　相当于网站设计中的信息架构，但在交互系统的概念设计中，除了任务、对象和它们的参数，信息只是架构元素中的一类。

用户在其中访问和浏览的“空间”。因此，用户与功能模块交互的基础是用户访问不同的“空间”来执行任务和完成目标。这些“空间”是概念模型中最基本的元素。功能模块之间的关系相当于“空间”之间的连接，并且**“空间”互相联系的整体结构支持完成用户的目标**。

如果设计得当，这些元素应有两个基本特点：

1）完全或部分支持执行至少一个**任务**（例如，设置预约或设置提醒）。

2）为用户提供一个完成任务和实现目标的**交互**机会。因此，概念元素是一个交互元素。

5.2　架构：概念模型元素之间的连接

“空间”互相联系的结构可以保证任务完成，特别是涉及许多操作和参数的任务。概念元素之间的连接强度是它们之间关系的一个附加特性。一些连接的强度取决于交互频率，或一个任务依赖于另一个，或任务功能是类似的。之后，有多种方式来设置连接的元素，以支持不同的任务和具有不同连接强度的交互流程。

每个“空间”是一个功能模块和它们之间的连接的容器，为了模拟“空间”，我们用一个空的方框表示每个“空间”。链接方框的线条表示概念模型元素之间的连接。示意图的基本结构表示为线框图，这是你最早的“草图”。有些人可能把它作为最基本的线框图[⊖]。使用这样的可视化表示，图 5-1 说明了 4 个概念元素的不同架构如何产生 3 种不同的概念模型。

图 5-1 显示了架构 A 中链接在序列里的元素。在这样的架构中，两个元素（1 和 4）被链接到另一个元素，而另两个元素（2 和 3）分别与其他元素相链接。在架构 B 中，每一个元素都与其他两个元素相链接。此外，在这个架构中，每个元素都缺少与第三个元素间的链接。最后，在架构 C 中，两个元素（1 和 2）都有一个链接到其他两个

⊖ 线框图本身可以出现并用在多个抽象层次，即具有不同程度的细节。这将在本书的第二部分中进一步讨论，本书的第二部分概述了构建概念模型的方法。

元素，而剩下的两个元素（3和4）每个都链接到一个单独的元素。这些不同的架构代表不同的模型，并从一个元素到另一个元素有直接影响，这很快就将和概念导航地图一起讨论。

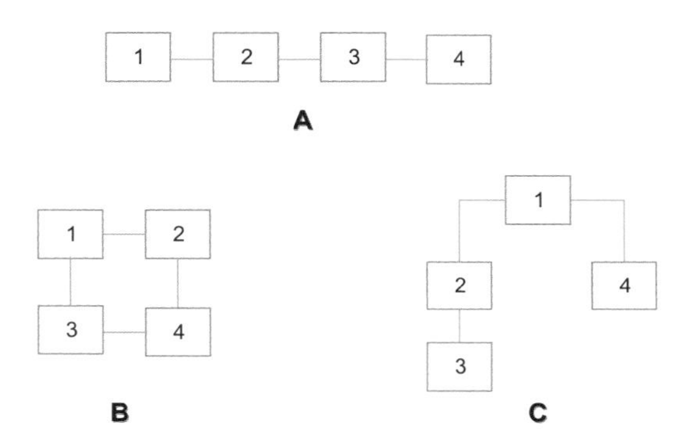

图 5-1 4 个概念模型元素中 3 个可能的架构，表示 3 个不同的概念模型

预约示例的概念模型

以下是我们将“洋葱”层层剥皮直到核心的过程。为了展示每个预约设置应用的架构，我们去掉了屏幕和窗口的细节，并为功能模块定义了一个抽象概念——“空间”。这样得到一个概念模型元素，图 5-2 显示了我们是如何分离几个表层到达潜在于用户界面下的概念模型的。

外部具体的层包括所有的 UI 细节。当我们分离界面的细节时，我们用一个空白的框表示两个窗口中间层的 UI 组件。随着分离更多的细节，我们到达最深的层——核心。该层用方框表示每一个窗口，箭头表示路线，并且数字表示在执行任务时与窗口交互的顺序。

> 要揭开潜在的概念模型，寻找以下两方面内容：
>
> - 用户与应用程序交互以完成任务和目标的“空间”。
> - 用户需要的从一个“空间”到另一个“空间”的“路径”。

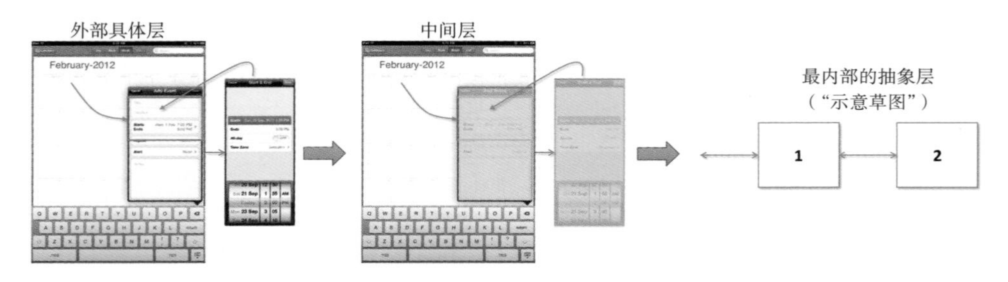

图 5-2 代表用户界面和其潜在概念模型的 3 层

表 5-1 显示了提取自 4 个日历应用程序中的基本概念模型。

表 5-1 4 个应用程序设置预约的概念模型的比较

	用户界面	概念模型	解释
1	① ② ③	1 3 2	用户在几个“位置”执行操作。第一个是基本参数（1），另两个“空间”是设置其他参数（②和③）
2	① ② ③	1 3 2	用户在不止一个“空间”执行所有的操作。第一个是输入文字和基本参数（①），第二个是设置其他参数（②），还有另一个“空间”也可设置其他参数（③）
3	February-2012 ① ② ③ ④	2 1 3 4	用户在不止一个“空间”执行所有的操作。第一个是输入文字和基本参数（①），还有另一个“空间”进行参数设置和微调（②）

（续）

	用户界面	概念模型	解释
4	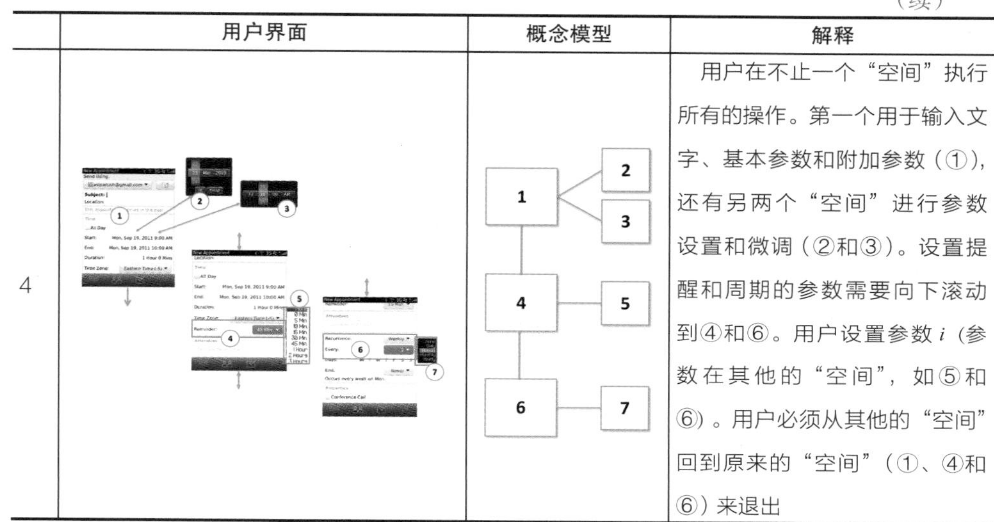		用户在不止一个“空间”执行所有的操作。第一个用于输入文字、基本参数和附加参数（①），还有另两个“空间”进行参数设置和微调（②和③）。设置提醒和周期的参数需要向下滚动到④和⑥。用户设置参数 i（参数在其他的“空间”，如⑤和⑥）。用户必须从其他的“空间”回到原来的“空间”（①、④和⑥）来退出

概念元素的架构体现了用户访问的“空间”和“空间”之间的联系，使用户能够提高任务效率并完成目标。表 5-1 中 4 个概念模型的比较表明，每个应用提供类似的功能，但是概念元素的数量以及它们的架构是非常不同的，特别是应用程序 3 和 4 彼此非常不同，与 1 和 2 也有很大差异。

概念元素的架构本身并没有充分反映元素之间的链接强度。此外，它不通过架构提供导航的细节。我们仍然需要导航地图将概念元素分配给物理空间和导航策略，这些都在概念设计框架的下一层中。

第 6 章

导航和策略层

空间隐喻在描述交互系统的概念模型时提供了很好的帮助。我们使用术语“导航”描述用户从一个空间跳转到另一个空间。同样，我们使用“导航地图”描述整个概念模型中的路径指引，下面是关于导航和导航地图的一些细节内容。

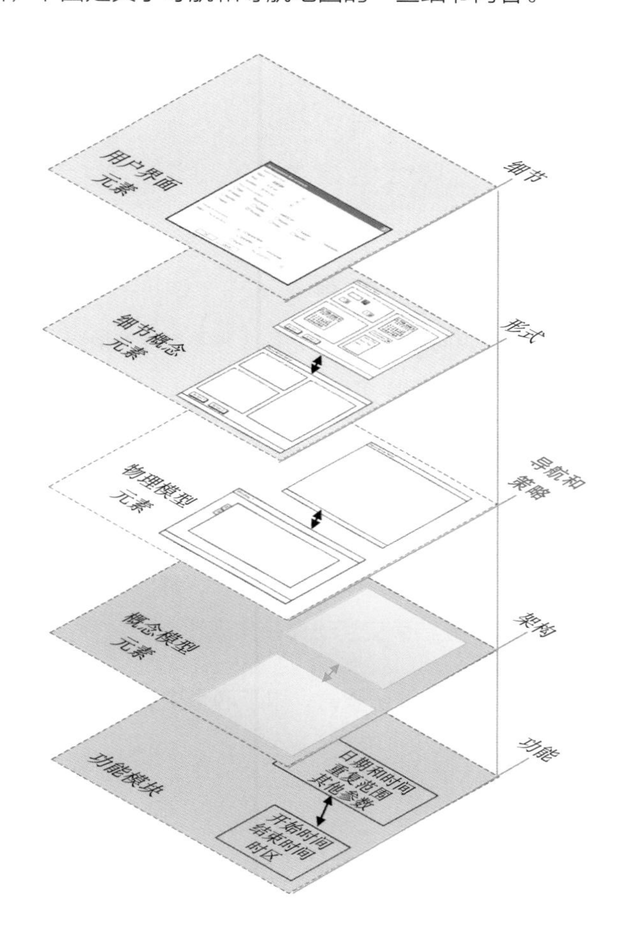

6.1 导航地图：概念模型元素之间的跳转

导航地图展示了在给定的结构下，用户为实现目标而执行全部所需步骤时可以或者需要采取的“路径”，导航地图中所展示的“路径”包括以下内容：

1）开始和完成一个交互动作的入口与出口。

2）模型结构中元素之间每一条链接的方向，包括单向链接和双向链接。

图 6-1 展示了一种具有 3 种不同导航地图的概念模型结构（结构 C 见图 5-1）

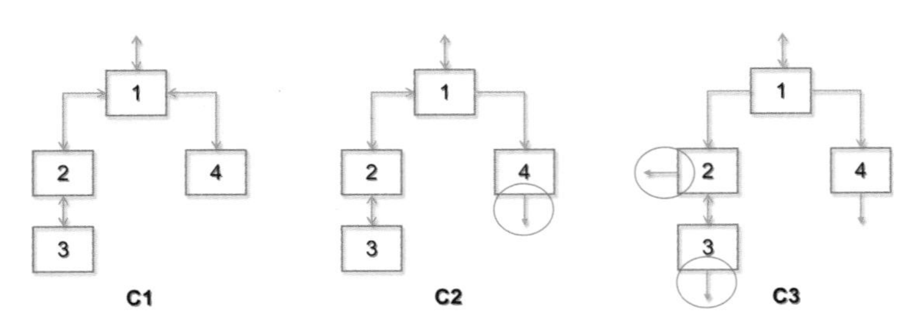

图 6-1　相同概念元素结构的 3 种不同导航地图

在导航地图 C1 中，导航过程起始并终止于概念模型元素 1，用户可以从元素 1 跳转到元素 2 或 4，如果在元素 2 或 4 时需要结束交互，用户需要返回至元素 1，然后完成退出。用户可以从元素 2 继续跳转到 3，一旦需要在概念模型元素 3 时结束交互，用户要先返回到元素 2。概念导航地图 C2 与 C1 相似，不同之处在于用户在元素 4 处无需再返回到元素 1 就可以结束交互动作并实现退出。最后，在导航地图 C3 中，用户无需溯源就可以在元素 2 或 3 处结束交互动作并实现退出。

在执行为实现目标所需要采取的步骤时，以下两个主要考虑因素会影响用户对于概念模型元素之间链接路径的选择：

1）概念模型的结构。

2）关于任务流与动态交互的决策。

概念模型结构中的每一条链接都可能是用户最终选择的路径。但是元素之间的链接其自身并不能告诉我们它是一条单向链接还是双向链接。而且，我们也无法仅仅通过链接来了解交互入口与出口的位置。最后，用户关于任务参数的决定也会受到任务流的影响。

但是，每一个概念元素的物理空间也会对路径的特性产生影响。例如图 6-1 中所示的三种情况，导航图指出元素 2 和元素 3 二者之间存在一条双向链接。两个元素位于不同的窗体的情况与两个元素虽然在同一窗体中但却在不同标签下的情况相比，这两种情况中导航会完全一样吗？这个问题将会带领我们进入概念模型的下一重要领域：物理空间。我们会详细讨论概念元素的物理空间是如何对导航与交互产生影响的。

6.2　概念元素的物理空间

至此，我们使用“空间”这样一个术语来讨论概念元素。需要着重强调的一点是，“空间”是指一种严格的比喻概念而并非是指物理概念方面的实际空间。但是，当我们需要确定元素的实际物理位置、“空间”之间的“距离”以及它们之间的导航时，比喻概念的“空间”与物理位置关系之间的一致性便具有十分重要的意义。

概念模型元素有时可能与它们的物理位置之间存在一对一的对应关系，例如，“空间”可以是一个窗体。但在其他情况下，或许不存在类似的对应关系。例如，图 6-2 中所描述的结构的情况，这一结构由三个表示三种不同比喻性“空间”的概念元素构成，其中“空间”1 分别与“空间”2 与“空间”3 相连。这些比喻性的“空间”可以通过多种方式来确定它们的实际空间关系。

这三个元素可能分别处于三个不同的物理空间中（如图 6-2A 中所示的三个窗体）。这种模型能够表达出元素 1 与元素 2 的链接强度与元素 1 和元素 3 的链接强度大体相同。同时，它能够显示从元素 1 到元素 2 或从元素 1 到元素 3 交互流程的相似（相同频率或同等重要性）。

或者，“空间”2 和 3 可以放在一个单独的物理空间概念元素 1（见图 6-2B）。这种结构能够表现元素 1 作为元素 2 和 3 的父级元素而具有的更为紧密的层级关系。它同时也意味着元素 2 与 3 之间的交互流程必须在父级元素 1 的框架内部进行。

图 6-3 描绘出另一种概念元素之间空间关系的布局组合。概念模型中元素 1 分别

与元素 2 和 4 相互链接。元素 3 与 4 之间同样相互链接。这一模型可能的一种布局方式如 A 所示；“空间” 2 和 3 置于同一概念元素 1 中，而元素 4 则作为一个弹出窗口。这种布局方式反映出元素 2 和 3 的紧密联系以及它们与元素 4 的“距离”。元素 2 和 3 还有其他可能的层级链接，如元素 2 和 3 作为窗体概念元素 1 单独的“空间”，元素 3 作为元素 2 的延伸，元素 4 被设计为一个单独的弹出窗体。

概念元素物理空间布局的决策对导航地图和导航策略具有重大的影响。作为本书接下来讨论的内容，它同样会对用户绩效、可用性及用户体验产生重要的影响。

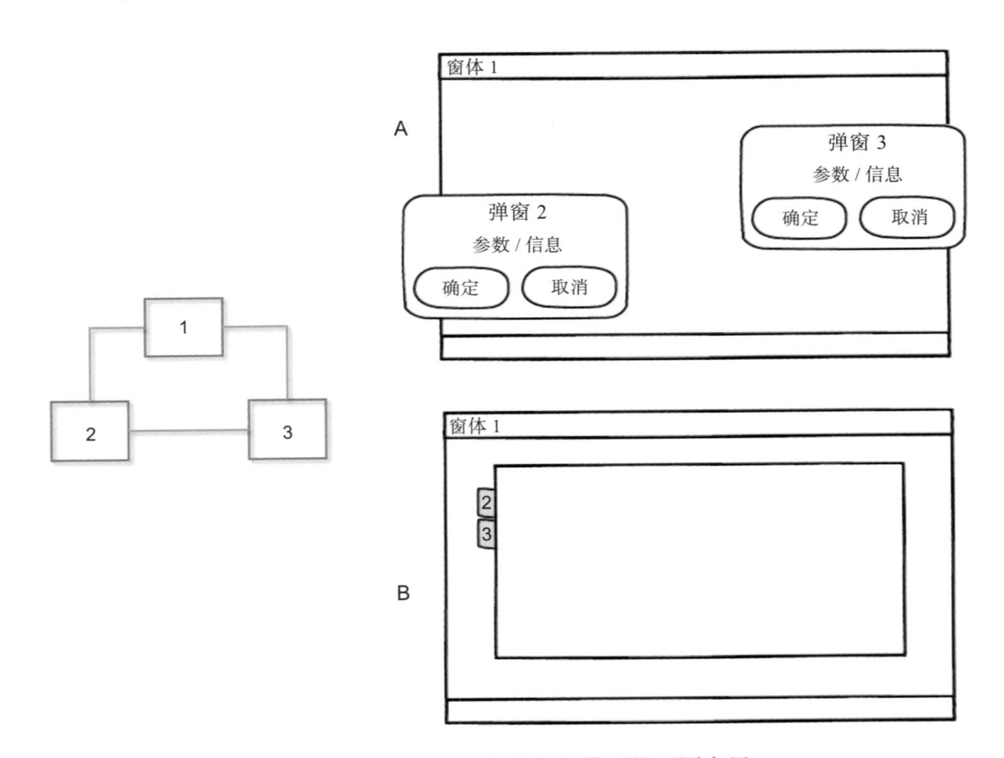

图 6-2　包含 3 个元素的概念模型的不同布局

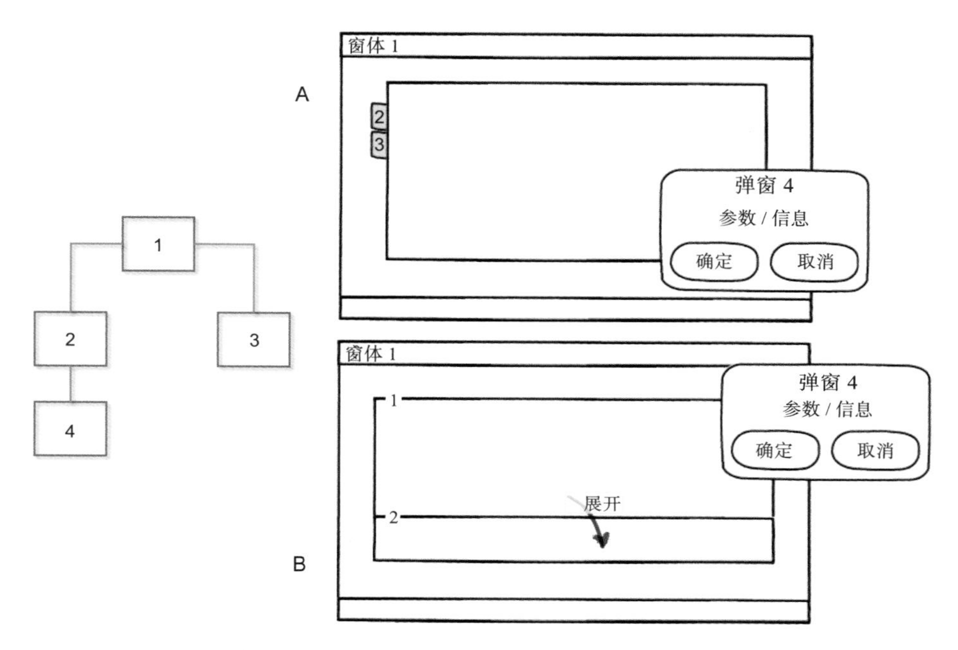

图 6-3　包含 4 个元素的概念模型的不同布局

6.3　导航策略："交通规则"

高效的地图和路线引导必须包含支配导航的规则。我们能够依照自己的意愿随时到达任何想去的地方吗？同样，概念导航地图也必须包括这些原则，我们称之为导航策略。

关于概念导航地图的设计决策与关于物理空间和导航策略的设计决策需要齐头并进。制定这些决策时需要考虑一个基础问题：用户是否可以同时执行不止一项任务？就交互流而言，这个问题会产生以下影响：用户进行到下一项任务之前是否应该全部完成或部分完成当前的任务？用户是否需要完成给定的任务，然后跳转从而继续完成下一任务，并且完成下一任务后是否应该能够再返回去完成初始任务？

依据概念模型理论，导航策略从根本上解决了**模态**的问题：当用户在给定情景下与给定的概念元素进行交互时，用户能够同时与其他元素进行交互吗？此时是在同一个物理空间还是位于不同的物理空间？当对于这一问题的答案是肯定时，我们称之为非模态交互策略。非模态概念模型元素允许用户同时与其他概念模型元素进行交互。反之当交互原则限定了用户在同一情景中一次只能与一个概念元素进行一对一的交互时，我们称之为模态交互策略。模态概念模型元素不允许用户同时与其他的概念模型元素进行交互。

图 6-4 中的概念导航地图说明了导航策略和概念元素的物理空间之间的关系。图 6-4 中 A 部分体现的导航策略允许用户与“空间”2 中的概念模型元素 2 和“空间”3 中概念模型元素 3 同时进行交互。用户在这种空间布局中可以通过元素 2 完成任务，随后收回概念模型元素 3，并返回“空间”1 中的概念模型元素 1。图 6-4 中 B 部分所体现的导航策略规定用户只能与概念模型元素 2 进行交互，通过选项切换跳转到概念模型元素 3，在概念模型元素 3 中完成任务后再返回到概念模型元素 2，再在概念模型元素 2 中完成任务，随后再返回到概念模型元素 1。

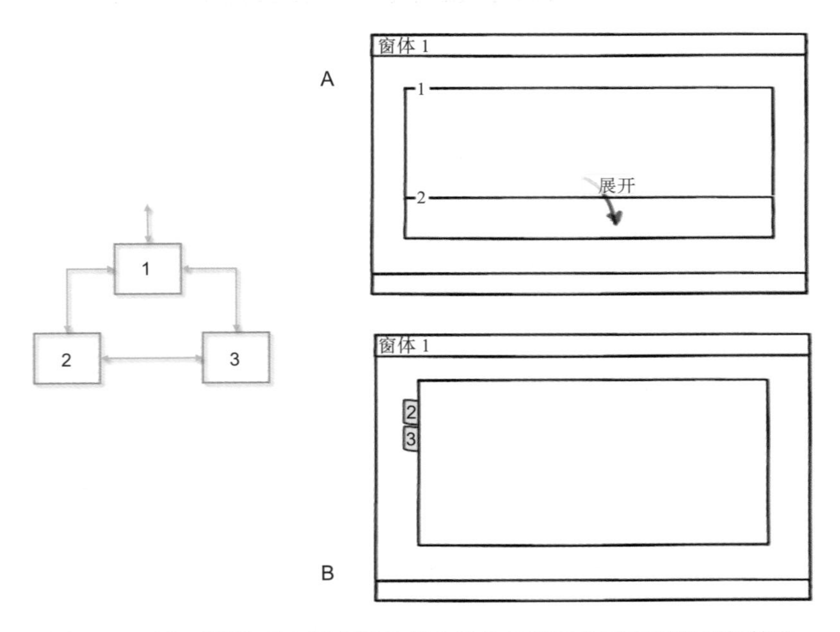

图 6-4 两种不同物理空间分配的概念导航地图反映了不同的导航策略

图 6-4 所举例子向我们介绍了交互系统中关于模态的概念。讨论模态并确定其范围对于最终确定导航地图和导航策略至关重要。表 6-1 展示出一个关于概念元素的物理空间布局与模态之间关系的简单分类。

概念元素的物理空间布局有两种可能的分类：元素放在相同的物理空间中和分别放在不同的物理空间中。

关于模态同样有两种可能性：一种是概念元素之间的交互不受约束，即用户可以同时与几个元素进行交互；另一种是它们之间的交互相互排斥，即用户一次只能与一个概念元素进行交互。

值得一提的是，交互界面在考虑物理空间布局与模态时具有同样重要的作用。表 6-1 给出了一些大屏幕（如桌面）中非模态与小屏幕（如手机）中相互独立的模态对比的例子。

6.4 操作原则

我们曾不止一次提及交互界面的特性，如屏幕大小以及物理外观和感觉，这是贯穿概念设计过程的重要的决策标准。交互界面的另外一个重要特性是用户通过这一媒介进行交互的实际物理方式。最简单的例子就是用户通过鼠标和键盘与台式计算机进行物理交互。键盘使得用户可以输入文本、发出指令、导航、调用程序以及控制设备（如光驱、音量和照明）。鼠标则使得用户可以通过点击和拖曳（Shneiderman，1982，1983）对屏幕元素进行直接的操作。基于触摸的操作方式与物理手势（如单击、长按、滑动、多点触摸、多点手势等）的发展使得用户能够执行像选择、移动和缩放等方式的操作。此外，还存在一些基于其他形式和感官的媒介，例如说话、注视、大脑活动以及虚拟空间手势等。操作原则反映了交互界面的物理特性，因此也应该作为概念设计的一部分（Shneiderman & Plaisant, 2010）。

表 6-1 两个概念元素在相同空间与不同空间的物理空间布局以及模态

		物理空间布局	
		相同空间	不同空间
模态	非模态： 独立的	窗体名称 组 1 组 2	窗体 1 窗体 2
	模态： 在大屏幕媒介中互斥	窗体 1 2 3	窗体名称 对话框名称 取消 确认

（续）

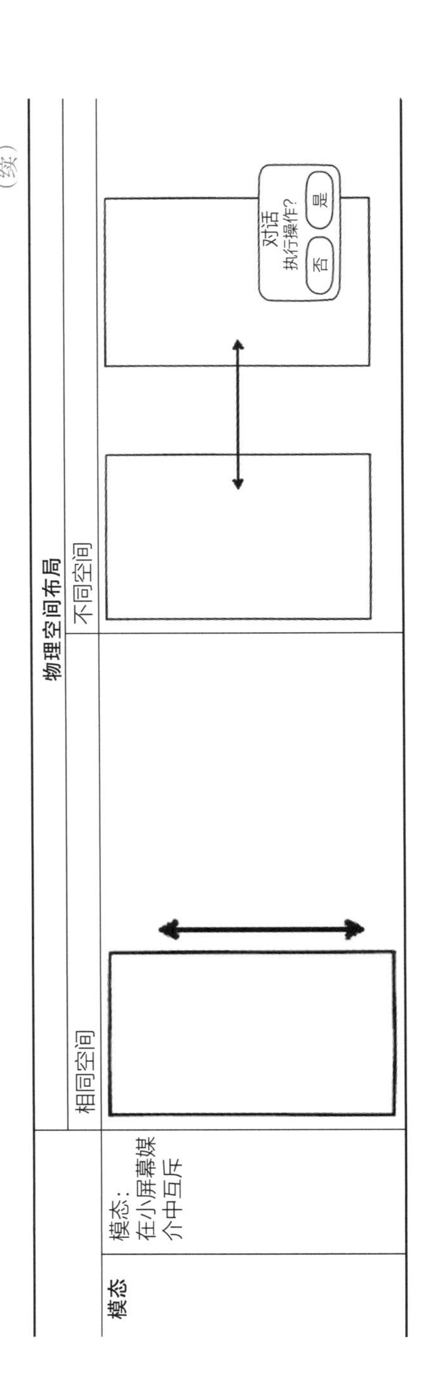

操作原则能够对导航地图和策略以及概念元素物理空间布局产生影响。我们用表 6-2 的例子来说明操作原则是如何影响设计决策的。所有的例子都是基于表格第一行中相同的概念模型，通过对比计算机上两组可供选择的交互原则，可以发现操作原则对于概念设计的影响。当用户使用没有滚轮的鼠标时，可以通过点击在元素 1 和 2 之间进行导航。给这两个元素赋予两个相邻的标签同时最大限度地缩小用户能够启动这些导航的地方。当用户使用一个带有滚轮的鼠标时，用户可以通过滑动滚轮在这两个元素之间进行导航，这样设计师可以将这两个元素放在相同物理空间。这样的设计可以为多个元素同时带来便利。当我们在移动设备上验证这些操作原则时，例如选择一个支持点触式操作的设备，此时设计师可以将这两个元素布局在不同的物理空间中，然后通过触摸笔的点击来进行导航。如果选择一个支持手势操作（如滑动）的设备，此时设计师就可以将这两个元素布局在相同的物理空间中，然后用户通过触摸上下滑动手势操作进行导航。

预约示例中的导航地图与策略研究

本节，我们从另外一个视角来对比 4 个日历的应用程序。表 6-3 给出的概念模型同时涉及了概念元素以及它们的物理空间两个方面，同时还有导航地图和导航策略。

这 4 个例子说明了当概念元素的物理空间布局确认后，它们结构会发生什么样的变化以及这种布局是如何影响导航地图以及导航策略的。

表 6-2　操作原则及桌面和手机交互媒介中相关联的概念设计示例

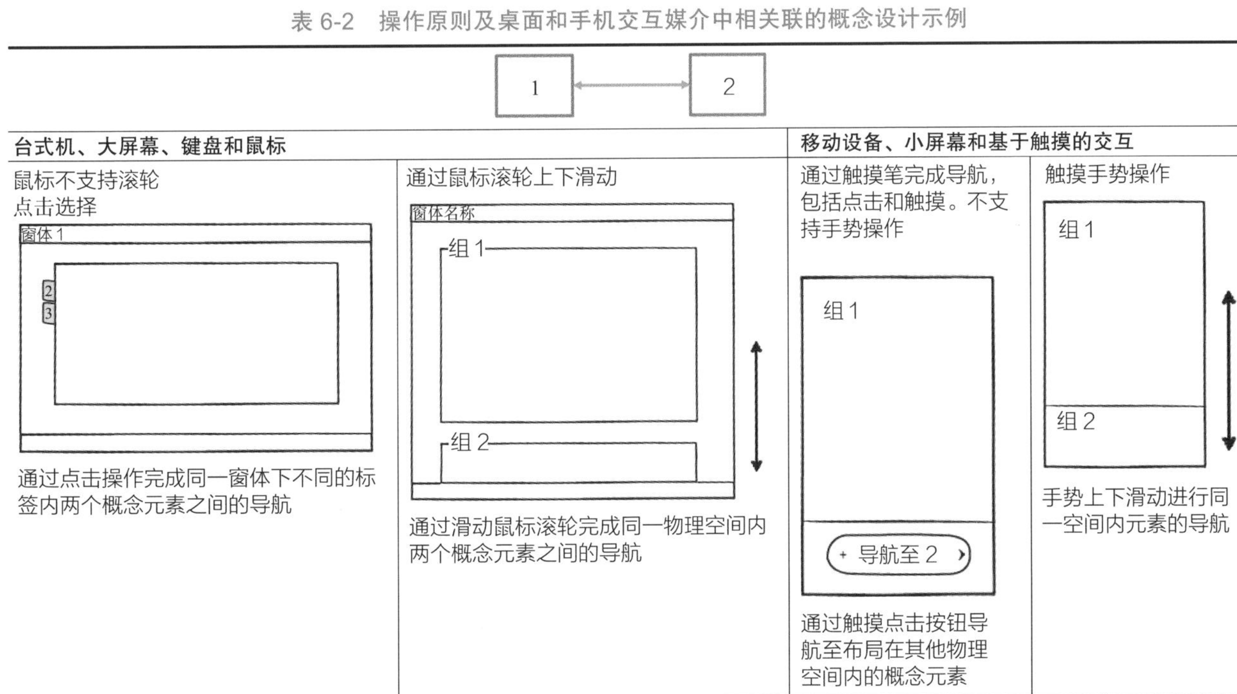

台式机、大屏幕、键盘和鼠标		移动设备、小屏幕和基于触摸的交互	
鼠标不支持滚轮 点击选择	通过鼠标滚轮上下滑动	通过触摸笔完成导航，包括点击和触摸。不支持手势操作	触摸手势操作
通过点击操作完成同一窗体下不同的标签内两个概念元素之间的导航	通过滑动鼠标滚轮完成同一物理空间内两个概念元素之间的导航	通过触摸点击按钮导航至布局在其他物理空间内的概念元素	手势上下滑动进行同一空间内元素的导航

表 6-3　通过 4 个日历应用程序对比概念模型及其导航地图和策略

用户界面	概念模型	概念模型 + 导航地图和策略
1 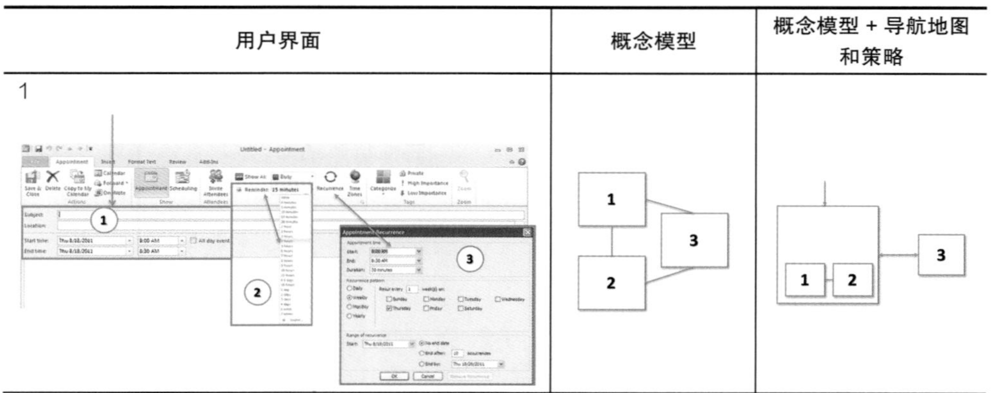		
概念元素 1 和 2 位于相同的物理空间内，并且每一个都可以不受时序约束而进行访问。元素 3 位于一个单独的模式窗口。用户必须从元素 3 返回到源“空间”才能退出		
2 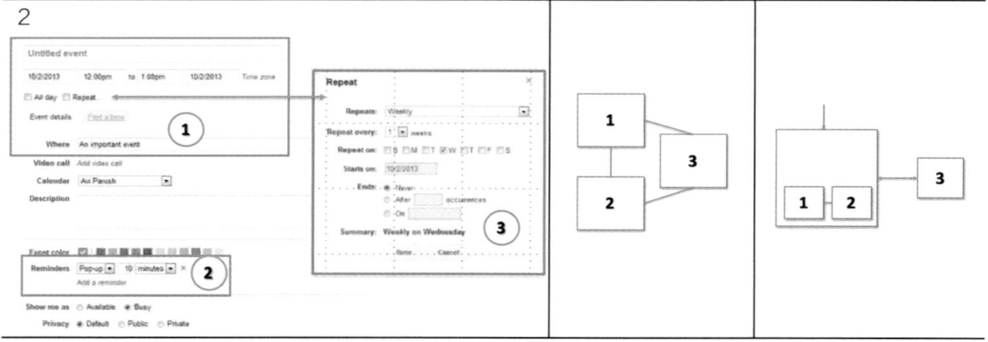		
概念元素 1 和 2 位于相同的物理空间内，并且每一个都可以不受时序约束而进行访问。元素 3 位于一个单独的模式窗口。用户必须从元素 3 返回到源“空间”才能退出		

（续）

<table>
<tr><th>用户界面</th><th>概念模型</th><th>概念模型 + 导航地图和策略</th></tr>
<tr><td colspan="3">3
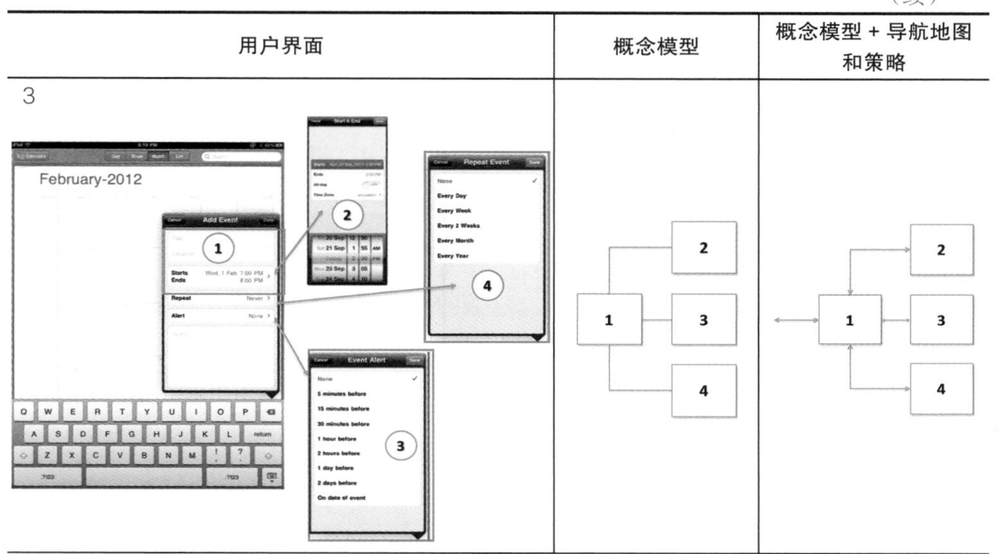
</td></tr>
<tr><td colspan="3">全部概念元素分别位于不同的物理空间中，全部为模式窗口。用户必须从 2、3、4 返回到初始“空间”（1）才能退出</td></tr>
<tr><td colspan="3">4
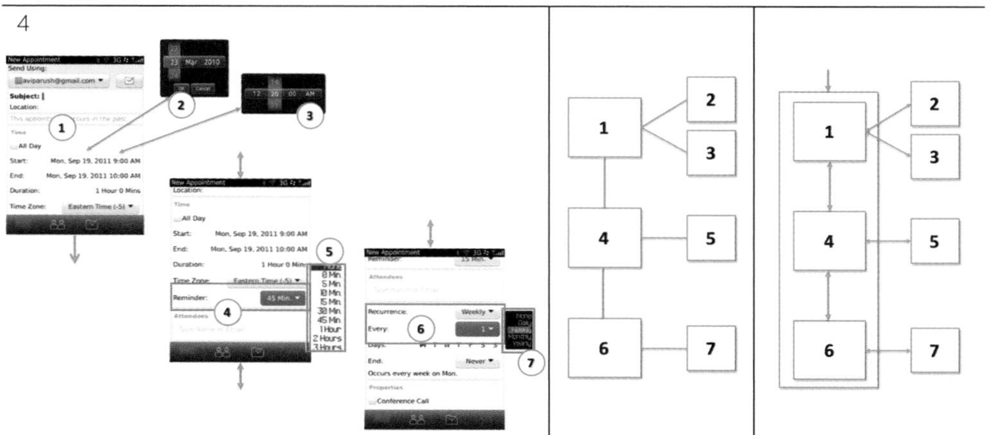
</td></tr>
<tr><td colspan="3">概念元素 1、4 和 6 均位于相同的物理空间中。用户可以不受时序约束访问它们。由于屏幕尺寸小，因此元素 1、4 和 6 可能需要滚动屏幕才能访问它们。对于参数设置和调整（2 和 3）有额外的空间。2、3、5 和 7 是不同的模态并需要返回到源“空间”</td></tr>
</table>

第7章

细　节　层

至此，前面关于概念模型的分析仍处于相对高度抽象的阶段。也就是说，模型中的元素尚未涉及任何细节。现在我们已经进入涉及更多设计细节的层级，这一层级属于过渡性质的层级。一方面，本层级的决策能够影响概念模型、绩效以及可用性，另一方面，在本层级中也会介绍一些设计的细节内容。

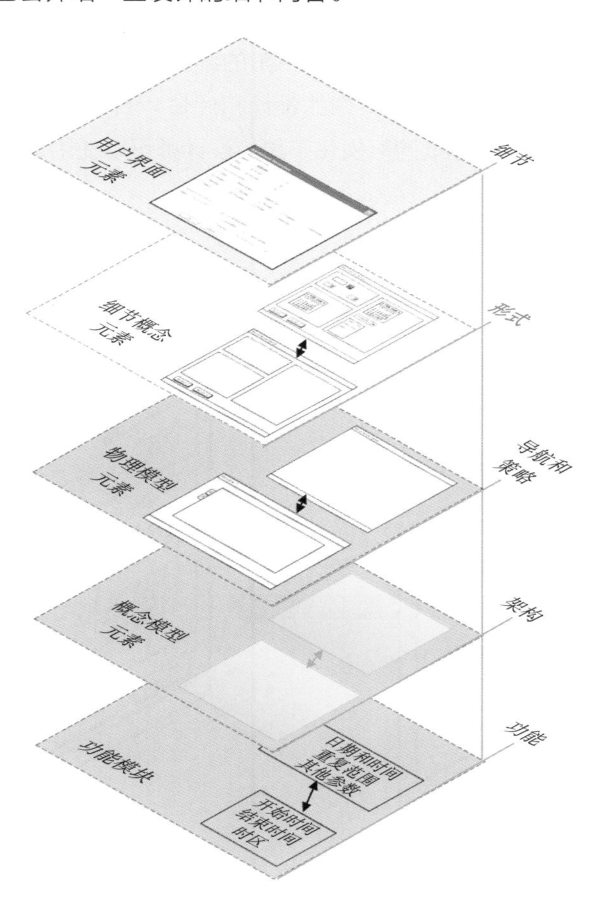

7.1 形式层：细节概念元素

考虑到空间布局以及导航地图和策略，形式层中的概念元素会涉及一些来自于各个模块（信息、参数和操作）的细节内容。详细的概念设计涉及初步的控制决策以及初步的视觉设计（呈现一个可视化的用户界面）。

从概念到具体概念元素的过渡阶段中会包括*多个细粒度层级*。这取决于功能模块的设定以及它们所表达的需求。图 7-1 给出了形式层中概念模型元素的两个不同的细粒度层级。左图中的概念模型元素包含一个由多个子模块组成的功能模块，而且它们全部都布局在同样的物理空间中。但目前的细粒度依旧缺乏细节内容，这样使得设计师能够专注于概念模型基础架构的设计和评估。右图中的元素拥有了参数内容、用户交互控制以及更为详细的可视化布局。设计师可以使用这一细粒度的原型进行用户测试。

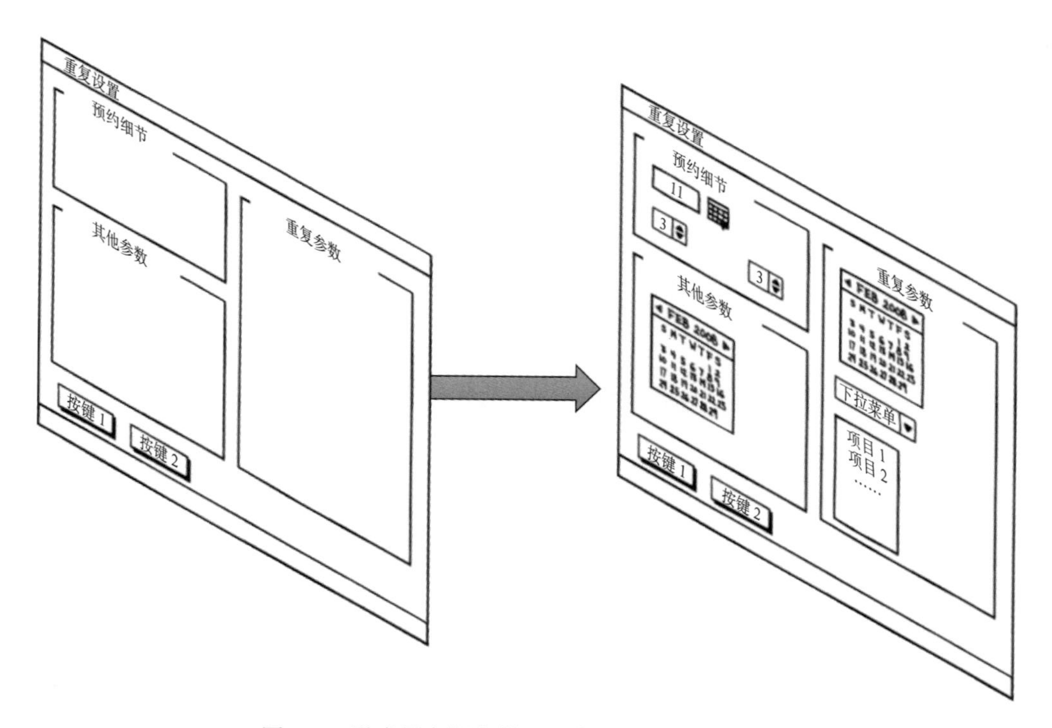

图 7-1　形式层中概念模型元素的两个细粒度层级

控制决策通常是一个两步走的过程。第一步是调整概念元素的物理空间和导航策略的决策。例如，设计师可以将多个概念元素布局在相同的物理空间中，如窗体或者

Web 页面。这样的元素是那些用户需要同时看到或共同操作的元素，或一个接在另一个元素之后进行交互的元素。但是，设计师可以对概念元素的布局进行微调，如将它们分别布局在窗体中不同的区域、单独的标签下或通过菜单选择。这些设计决策是概念设计和细节设计中间的过渡阶段，因为它们一方面反映了功能模块之间的联系和性质以及对于导航地图和导航策略的影响，另一方面涉及关于具体控制的决策，这将我们带入 UI 中的细节。最重要的是概念设计到细节设计中间的过渡阶段还能够涵盖那些对概念模型的影响可以忽略不计的具体控制决策，这些决策可能包括参数数值的设定，例如是由在文本域内输入数字来完成还是通过预定义的列表选项来完成，或者通过下拉列表进行控制（见图 7-1 右图）。

最后，视觉设计的初步方案也是概念设计到细节设计中间过渡阶段的内容。总的来说，视觉布局反映了功能模块及其之间的相互关系，从而影响概念模型及其寓意（例如对视觉研究的影响）。视觉设计的另一方面是隐喻的选择，例如桌面和手持计算器是操作系统和应用程序的隐喻。选择一个恰当的隐喻与用户的心理模型密切相关，这个隐喻可能与现有的心理模型相符（如日历应用程序对于袖珍日历的视觉隐喻），或者能够帮助用户构建一个能够促进其更好地理解应用程序的心理模型。

7.2 细节层：用户界面元素

随着设计过程的开展，我们进入了概念的顶层以及细节框架设计：细节层。我们添加更多构成用户界面的细节内容，包括确定决策控制、视觉布局（如精确的空间控制和信息项）、平面设计（如颜色、字体和图标）、用词以及任何其他关于导航策略和操作原则的问题。

本书主要讨论的是概念模型和概念设计中主要的层级及与之直接关联的阶段，并不讨论细节设计方面的内容。

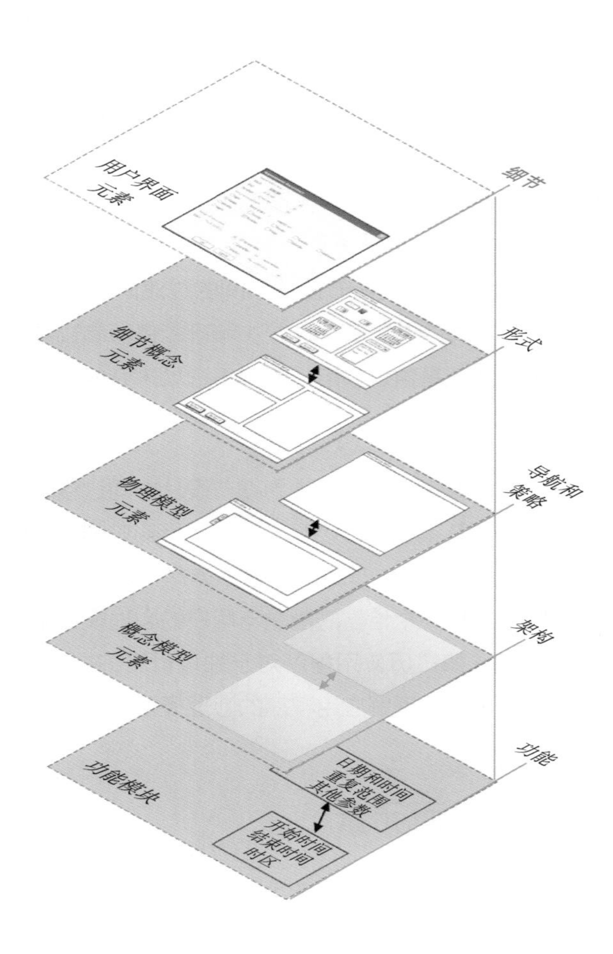
用户界面
元素
细节概念
元素
物理模型
元素
概念模型
元素
功能模块
日期和时间
重复范围
其他参数
开始时间
结束时间
时区
细节
形式
导航和
策略
架构
功能

第 8 章

依据分层框架总结概念模型组件

我们通过前面分析的 4 个应用程序的任务设定来总结概念模型的 3 个关键方面：功能模块、概念元素的架构以及导航地图和策略。

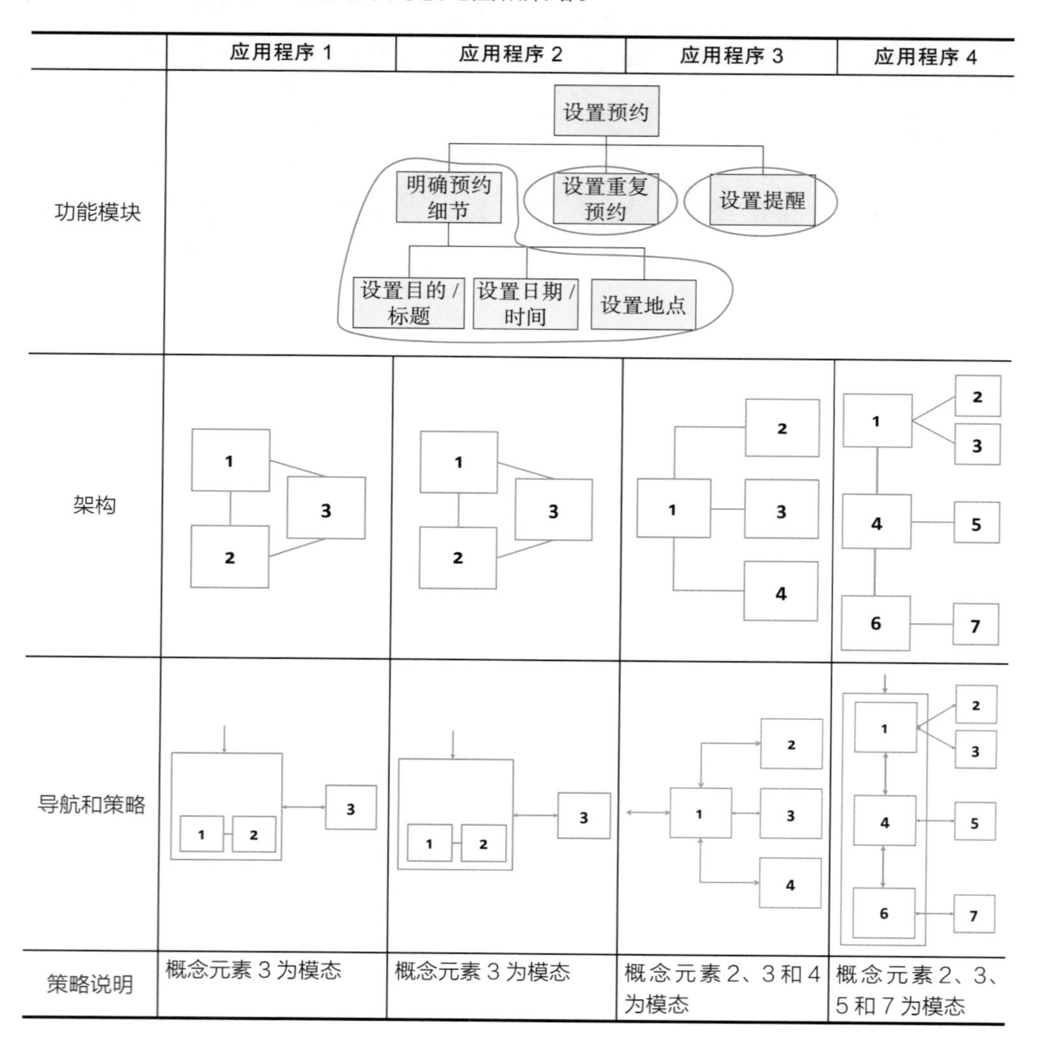

	应用程序 1	应用程序 2	应用程序 3	应用程序 4
功能模块				
架构				
导航和策略				
策略说明	概念元素 3 为模态	概念元素 3 为模态	概念元素 2、3 和 4 为模态	概念元素 2、3、5 和 7 为模态

第9章

概念模型的重要性：对用户绩效、可用性及用户体验的影响

在介绍完 4 个日历应用程序后，我们讨论过它们之间的根本区别是什么。但是，这些根本区别真的重要吗？对使用分层框架的概念模型的讨论中深入分析了 4 个应用程序间的根本区别。那么，这些不同是否重要呢？为了讨论为什么概念模型很重要，让我们来区分一下用户绩效、可用性及用户体验。用户绩效指的是感知、认知、情感以及物质过程和行为。可用性及用户体验指的是效力、效率以及为了完成某些目的，用户与某应用进行交互而形成的主观经验。

用户绩效与可用性之间联系紧密。举个简单的例子：假设某用户在某显示器上阅读信息有困难。这是一个与洞察力和认知方面相关的理解力问题。而理解困难会导致用户与应用程序的交互效力降低，所以用户绩效会直接影响可用性及用户体验。

关于概念模型重要性原因的讨论主要集中在 5 个在交互中扮演重要角色的基本用户心理及行为因素上，本章将阐明隐藏于用户界面下的功能模块的结构、“空间”以及“路径”是如何影响绩效的。

> 使用以下 5 个用户绩效因素来评估概念模型的影响：
>
> - 心理模型与理解力。
> - 位置感知。
> - 视觉搜索效率。
> - 操作（执行动作）负荷。
> - 工作记忆负荷。

如果你了解它，你就可以使用它！任何产品或者系统的用户界面都应该能够被我们了解。为了去了解它，不管我们所面对的是某个人、某种情境、某种他们使用的物品，还是他们采取的某种行动，我们都需要对所面对的事物形成一个心理表征。人们会构建心理结构或者心理模型去表征他们所知道的内容，这种心理结构通常包含着各种元素以及元素之间的关联，而这些元素可以是文字、概念、图像、名字、地点、情节、经验或者行动。用户对某个主题的认知包括元素及其链接，有些链接很紧密，而有些很微弱。当与一个行为进行交互时，用户要么以之前形成的该行为的心理结构为开始，要么以根据与这个行为的交互和经验形成的新心理结构为开始。当一个人先前存在的心理结构与其交互的行为的结构相吻合时，这个（行为）更容易理解。或者，如果用户没有预先存在的心理结构，该行为所传达的结构应该能够有助于加速理解并构建相应心理结构。这种隐藏于用户界面之下的结构由功能模块、“空间”和“路径”组成。这种结构可以传达信息，也可用于用户构建他们的心理表征，并且帮助他们更好地理解与之交互的产品。这本书的方法论部分将解决概念模型与用户心理模型相匹配的难题。

关于心理模型

诺曼把一个人在与某产品进行交互时的理解力称作“对正在交互的设备形成一种概念模型”(Norman，1983，1988，1999，2004)。这个模型的心理逻辑的表现通常内化为用户的模型或者心理模型。引用诺曼的定义：“心理模型是人们对于自身、他人、环境以及他们所交互的事物所形成的模型。人们通过经验、训练和说明来形成心理模型。一个设备的心理模型的形成很大程度上通过对感知行为的解释和设备的视觉结构”(Norman，1988，p. 17)。Hollnagel（1988）认为心理模型是操作者对于其环境的认知，而且对操作者如何解释、计划和操作也是至关重要的。与诺曼相似，Hollnagel认为世界的呈现方式塑造了用户关于世界的模型。Young（1981）也认为用户会对他们所操作的系统创作一种心理表征而且这可以帮助他们计划行动并理解系统的行为。Moray（1987）认为用户为了减少在交互中可能产生的心理工作负荷，会根据他们进行交互的系统的子组件而形成小的工作模型。综上所述，这些对于心理模型的定义主要集中于用户交互的设备或者系统的表征和其所处的环境。

如果你知道自己在哪，你就可以到达目的地！当我们与某个系统进行交互时，第一步最可能做的就是定位自身，也就是知晓我们在哪里。而下一步很可能就是想要到达某个目的地，而这个“空间”包含所需的参数和操作。正如我们之前所强调的那样，“空间”可以是概念性的，也可以是物理性的。在交互流中的用户为了达到某个目的而访问的不同屏幕和窗口代表不同的物理“空间”。这些包含查找、设置以及执行参数和操作。为了找到正确的“路径”，到达正确的“空间”而且不“迷路”，用户需要有良好的位置感知。位置感知是指知晓曾访问过的、正处于的以及即将访问的“空间”，拥有良好的位置感知可以增加更快到达正确“空间”的可能性。

有各种各样的因素可以影响位置感知，其中包括访问的空间的个数，“地标”“您在这儿”的定位帮助，以及空间之间路径的长度和复杂程度。与很多的“空间”和“路径”相比，“空间”越少，则“空间”间的“路径”也越少，这与更好的位置感知有着典型关联。与存在于不同物理空间的概念空间间的导航相比，存在于相似物理空间的概念空间之间的导航中，位置感知可能更加有效率。

关于位置感知

位置感知是我们能意识到我们在哪，我们周围有什么，我们到达我们所在位置的路径以及可能是目的地的其他位置的能力。

如果你能找到自己所寻找的，你就可以完成目标！通常，当我们带着一个给定的目标开始一项任务时，我们将会搜索与执行任务或完成目标相关的功能和参数，我们会寻找可给予我们定位的线索，我们会搜索可帮助我们达到其他地点的信息。很可能在到达某个地点时，我们采取的最常见的行为之一就是进行一次视觉搜索，一次有效且高效的视觉搜索意味着更快地找到正确的“目标”。

视觉搜索主要是受场景中的项目的数量及它们特定的视觉属性的影响，比如大小、颜色、形状以及与其他项目的相似性等。在任何物理地点的项目数量都取决于功能模块的确定、概念元素以及概念元素物理空间的分配。就像之前所讨论的，在同一物理空间的概念元素越多，越能更好地支持位置感知。然而，这也同样有可能对高效的视觉搜索形成一种挑战。反过来，在确定的物理空间概念元素越少，越能实施高效地视觉搜索；然而，这也可能弱化位置感知。

有一点很值得注意：即使在一个有很多概念元素的物理地点，在大量的元素中通过适当的视觉布局和组织，也有可能使视觉搜索更容易。然而，我们在这里所讨论的启发直接相关的仅仅是基于功能模块的“空间”数量和是否在各个物理地点导致了更多或者更少的元素个数。

关于视觉搜索

视觉搜索是我们通过浏览视觉屏幕寻找特定目标的感知过程。在这个过程中，屏幕中任何其他非目标元素都是干扰。

如果你的操作较少，花费的精力也就减少了！用户进行的操作作为与应用程序交互的一部分。这些操作的范围从在各个地点间进行转换的相关操作，到任务的开始与结束，再到与参数设置相关的操作。执行操作受到完成任务或实现目标所需操作的数量及难度的影响，更少更容易的操作增加了更准确更迅速地完成任务的可能性。

在与用户界面进行交互时，操作的困难度问题一般会涉及某种指针设备的移动（这种设备可能是手、手指、鼠标或者手写笔）、点按或者点击。这可能对某些用户来说相对简单，但对另一些用户来说很具挑战性（比如说老年人）。所需的操作的数量会根据概念元素的功能以及这些元素的物理空间的分配而各不相同。与很多的物理空间和“路径”相比，物理空间越少，则“空间”间的“路径”也越少，与之相关联的操作也越少。换言之，物理空间和“路径”越少，越能减轻与之相关的操作负担。

关于操作负荷

操作负荷是指在作为与产品进行交互的一部分的操作中，我们所进行的心理或者物理投资。

如果你不需记住太多内容，你就可以做到更多！交互是有内在顺序的。我们倾向于一个接一个地做事情，同时做事情是非常具有挑战性的。为了实现我们的目标，我们应该充分地意识到我们做过的、正在做的、还没做的事情以及它们的位置。为此，我们需要把关于操作和“空间”的信息储存在某种形式的记忆缓存区中。关于感知、注意和记忆，心理学中将这种信息储存定义为工作记忆。工作记忆很短暂，它只能保存在相对较短的时间内（4～10秒），而且能储存并可在需要的时候使用的信息量是有限的。因此，在完成某个给定目标的交互中有更少的步骤或者有更少的“空间”和“路径”，意味着在交互期间有更少的工作记忆负担。在工作记忆方面减少负担增加了更准确高效的执行任务的可能性。

关于工作记忆

工作记忆是一种在与某产品进行交互或者进行操作时用于储存和检索所需信息的短时的容量有限的记忆缓存。

预约示例中概念模型对用户绩效的影响

现在我们可以来看一看在那4个预约应用程序中不同的概念模型是如何对用户绩效产生深刻影响的。下面是对4项用户绩效参数的对比分析：位置感知、视觉搜索、操作负荷以及工作记忆负荷。在本分析中不包括心理模型因素的潜在影响，因为心理模型的影响是不可测量的，特别是在不考虑用户画像和人物建模时。在本书关于概念设计方法论的第二部分再来考虑这个问题。

为了（更好地）进行比较，我们使用一种相对标度；也就是说，这里的评级是在这4个应用程序之间进行的。首先，这里的评级在绝对标度中并不暗示任何结论。其次，这里的评级是假设性的、表示可能性的，而不是经过实证的。最后，这里的评级并不意味着在这4个应用程序中有某一个比其他的更好。这项分析表明，潜在的用户界面结构对用户绩效有影响（见表9-1）。

这项分析产生了两个重要结论：

1）**结构可以对用户绩效产生影响**。从对这4个用户绩效因素的定义和理解以及这些因素可能产生的影响来看，似乎仅仅是这4个应用程序用户界面潜在的“空间”和“路径”的结构就可以对用户绩效产生影响。这4个绩效因素对于各个应用的影响是各不相同的，而且这些影响是与结构的不同相关的。

2）**用户绩效因素间存在权衡取舍**。在位置感知和视觉搜索效率之间存在一种权衡取舍。权衡取舍对用户绩效来说很典型，并因此形成了一个挑战：在用户绩效的角度尝试去确定一个给定的交互系统与其他的交互系统相比是否是“更好”的。然而，有些权衡取舍与其他的取舍相比可能能够在整体上达到更好的效果。例如，在这4个应用程序的用户绩效影响的分析中，应用程序1有高位置感知和低工作记忆负荷，而应用程序4有低位置感知和高工作记忆负荷。与应用程序4相比，应用程序1可能在整体上绩效更好。然而，应用程序 1 视觉搜索的效率更低，而这相对于应用程序 4 在整体上弥补了其他较差的用户绩效因素。图 9-1 呈现了这两个应用程序的基础用户绩效影响的预评估的权衡取舍。

表 9-1　4 个日历应用程序中概念模型对用户绩效的影响

		应用程序 1	应用程序 2	应用程序 3	应用程序 4
	用户界面总结	1 个主窗口 +1 个模态对话框	1 个主页面 +1 个模态对话框	1 个主窗口 +3 个模态对话框	1 个主长屏 +4 个模态对话框
	概念模型	1 2 3	1 2 3	1 2 3 4	1 2 3 4 5 6 7
用户绩效	位置感知	高	高	低	低
	视觉搜索效率	低	低	高	低于平均水平
	操作负荷	低	低	高	高
	工作记忆负荷	低	低	高	高

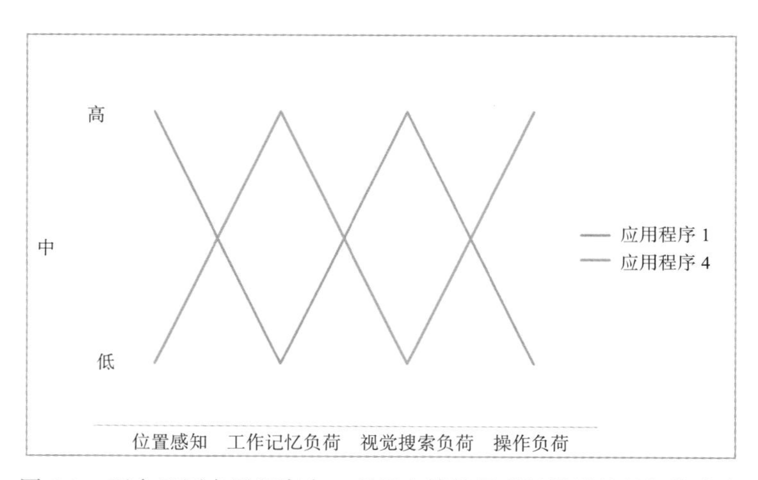

图 9-1　两个日历应用程序在 4 项用户绩效因素间假设性的权衡取舍

而在这一点上，我们要做的不应该是尝试解决这个难题，而是要认识到第一个也是最重要的结论：**意识到结构可以对用户绩效产生影响**。

可用性和用户体验的影响

用户界面的潜在结构对用户绩效因素有影响。反过来，这些对用户体验也有影响。下面，我们来讨论一下在可用性和用户体验规则中很受欢迎的 4 个因素：

易学性：易学性指的是用户学会使用应用程序的速度和轻松程度。为了便于讨论，我们将集中于以工作记忆负荷为主的心理负荷。

有效性：有效性指的是在用户完成特定目标时的准确性和完整性（ISO 9241-11）。位置感知以及视觉搜索的有效性可以深刻影响准确性和完整性。

效率：效率是指在用户准确完整地完成目标所消耗的资源（ISO 9241-11）。一项任务所承担的工作记忆负荷越高，操作所消耗的心理资源越多。

满意度：根据 ISO 9241-11，除了有效性和效率以外，第三个可用性指标参数就是满意度，即使用的舒适性和可接受性。

要注意的是，随着知晓度的提升和出于更全方位的用户体验的考虑，我们渐渐开始额外关注与产品交互时的情感方面的感受，比如快乐、有趣和参与感。当联系到之前讨论的用户绩效因素的时候，我们可以假设高水平的位置感知、容易的视觉搜索和低工作记忆负荷可以与积极的情绪相联系，比如满意、快乐、有趣和参与感。

预约示例中概念模型对可用性的影响

下面是 4 个应用程序的结构在可用性指标方面可能形成的影响的对比分析。与之前相似，为了便于比较，我们采用一种相对标度；也就是说，这里的评价是在这 4 个应用程序之间进行的，在绝对标度中并不暗示任何结论，也并不意味着在这 4 个应用程序中有某一个比其他的更好。同样，这里的评价是假设性的、表示可能性的，而不是经过实证的。表 9-2 的分析表明潜在的用户界面结构对可用性和用户体验有影响。

表 9-2　4 个日历应用程序中概念模型对可用性的影响

		应用程序 1	应用程序 2	应用程序 3	应用程序 4
	用户界面总结	1 个主窗口 +1 个模态对话框	1 个主页面 +1 个模态对话框	1 个主窗口 +3 个模态对话框	1 个主长屏 +4 个模态对话框
	概念模型				
可用性和用户体验	易学性	高	高	中	低
	有效性	中	中等偏高	中	中
	效率	中	中等偏高	低	低
	满意度	中等偏高	中	中等偏高	中等偏高

这项分析的结论如下：

1）**结构可以对可用性和用户体验产生影响**。考虑到人类心理和绩效方面，这也会影响交互的本质，也就是可用性和用户体验。既然绩效与可用性紧密相连，放置元素的“空间”和用户在各个空间之间转移的路径设置决策也会对可用性产生影响。

2）**这种影响是受情境影响的**。当提到可用性和用户体验时，用户画像是交互本质中很关键的因素，在本书关于方法论的第二部分会考虑这一因素。

第 10 章

概念模型的类型

我们已经在整体上讨论了概念模型并且用预约应用示例进行了说明。然而，这些示例只是给我们展示了一些特定的模型。那么有一般类型的模型吗？换句话说，我们可以讨论一些概念模型的分类吗？这种分类可以告诉我们：

1）在某一特定情况下关于概念模型适当性的一般标准。
2）用于比较可选模型的术语。

有几个已经发布的关于网站架构的分类方法（Brinck，Gergle，& Wood，2002；Garrett，2002；Lynch & Horton，2008）。对于用户界面下潜在概念模型的这些分类方法，我们略做修改，既包括网站也包括应用程序，无论其是在线的还是离线的。

概念模型的自由度会根据用户完成任务和实现目标的不同而不同。在一些例子中，任务流是高度结构化的和线性的，因此在选择交互方法上给用户提供了更少的自由度。在另一些例子中，任务流是非结构化的，这样在选择操作和交互方法上给予了用户更多的自由度。据此概念模型的分类法可以分为两个主要类别：

1）顺序和结构化：单序列结构模型，层级结构或多序列结构模型。
2）非顺序和非结构化：轴辐型、矩阵型和网络型模型。

一个系统很少只包含单一的模型。以下每一种分类法都包含广泛概念模型中的一个简单或复杂的构建基本模块，而这个概念模型可能包含一个由几种分类方法组成的组合。以下的大部分例子说明了这在大多数程序中的典型性。在本章最后的“混合概念模型”中将深入讨论这个问题。

10.1　顺序和结构化模型

10.1.1　单序列结构模型

结构：几个概念元素以线性方式排列，每一个元素都与该序列中通向它的元素和在它之后的元素相连接（见图10-1）。

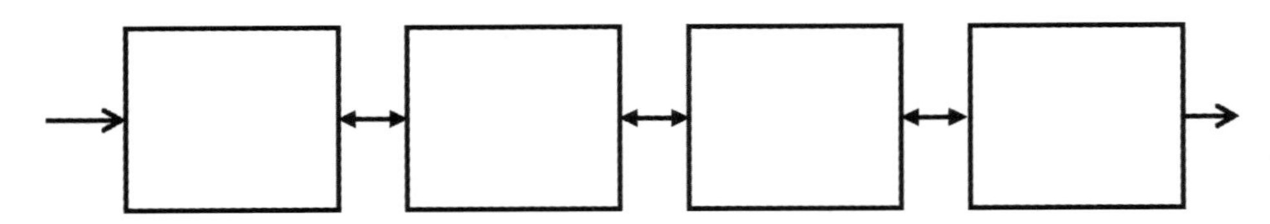

图 10-1 单序列结构概念模型示意图

概念导航地图：单序列结构只有一个单一的入口和单一的出口 / 结束点。导航只能在序列中的每一对相连接的概念模型元素间向前或者向后。

交互策略：在任何确定时间里都只有一个概念模型元素可用于交互。

例外和变化：全部或者部分序列中的概念模型元素有一个出口，因此不强迫用户为了退出交互而不得不通过序列中的全部概念模型元素。

绩效影响：

- 位置感知——高。
- 视觉搜索效率——高。
- 操作（执行动作）负荷——低。
- 工作记忆负荷——低。

可用性影响：

- 易学性——快速和简单。
- 有效性——高。
- 效率——低。
- 满意度——很可能高。

适用于：

- 短序列。
- 高度结构化任务（用户必须通过提前定好的顺序进行操作来完成的任务）。

- 低频任务。
- 新手和需要引导的用户任务。
- 在避免犯错很重要的时候。
- 在位置感知很重要的地方。
- 当用户反而因过量的使用而分心 / 打扰 / 超载时。

涉及设备时，这个概念模型是适合移动设备和小屏幕设备的。

单序列结构概念模型示例

很多程序的安装向导都是单序列概念模型的典型例子。值得注意的是，在这个例子中，导航地图在每一个概念元素中都提供了一个出口。而且，每个概念元素都出现在自己的窗口中（图 10-2）。

图 10-2　单序列结构概念模型示例

10.1.2　层级结构或多序列结构模型

结构：几个概念元素以层级结构进行配置，一个源父级元素与几个其他子级元素相连接，并且每个序列元素可以进一步与其他的子级元素相连接。

一个层级结构以在层级结构中所有可能的支线为基础支持多序列结构。每一个序列都是专设的，因为它作为用户为了完成目标而进行的某个特定交互序列的函数而存在。下面的例子（图 7-1 右图）用于阐述层级结构如何支持可能的双序列结构。

注意，在这个图中相对简单的层级结构可以支持最多 6 个序列，其中 2 个包含 2

个概念模型元素，另外 4 个每个包含 3 个概念模型元素（图 10-3）。

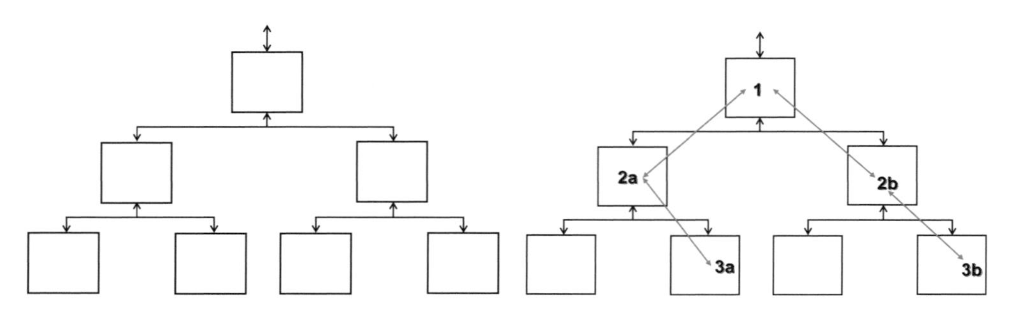

图 10-3　三级层级结构概念模型示意图（左）以及在该模型中可能的两个交互序列（右）

概念导航地图：一个层级结构只在源父级元素有一个单一的入口和出口。这个结构允许在每一对相连的元素间向前或者向后导航。用户必须返回源元素结束交互。从那里用户可以退出或者开始另一个交互序列。

交互策略：在任何确定时间里都只有一个概念模型元素可用于交互。

例外和变化：全部或者部分序列中的元素有一个出口，因此不强迫用户为了退出交互而不得不通过序列中的全部概念元素。另一个例外 / 变化是有不止一个源或者父级概念元素。

绩效影响：

- 位置感知——中等。
- 视觉搜索效率——高。
- 操作（执行动作）负荷——低。
- 工作记忆负荷——中等。

可用性影响：

- 易学性——快速和简单。
- 有效性——高。
- 效率——低。

- 满意度——很可能中高等。

适用于：

- 有逻辑性和相关层级关系的功能模块。
- 有几个有关联的用户目标，而这些目标可以在同一时间典型地或理想地完成。
- 效率和灵活度不是至关重要的时候。
- 位置感知很关键时。

对于设备，这个概念模型是适合移动设备和小屏幕设备的。

层级结构或多序列结构概念模型示例

在这个示例中，父级元素是一个比其大得多的程序的一部分。层级结构的父级元素或者根元素是几个相互独立的通向子级概念元素的路径导航的起点，所有这些都是模态的，也就是说，这既允许与元素进行交互，也能退回到父级元素（图 10-4）。

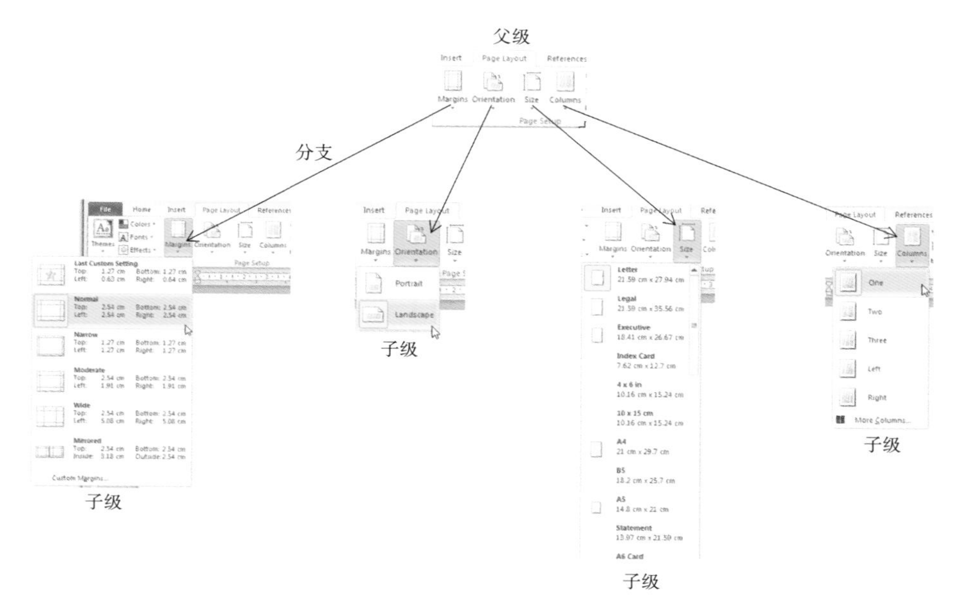

图 10-4　层级结构或多序列结构概念模型示例

10.2　非顺序和非结构化模型

10.2.1　轴辐型模型

结构：这种模型包含一个发生大部分交互的中心主要概念元素，这个中心元素与几个元素相连接，而这些元素完成对中心元素所完成的任务起支持作用的辅助任务。

概念导航地图：轴辐型结构只在中心主要概念元素上有一个入口和出口，允许用户导航到任意辅助性元素，从那里执行任务再返回中心元素。

交互策略：某些辅助元素可以在与中心元素进行交互的同时进行交互，而另一些元素不允许与中心元素和其他辅助元素同时进行交互（图 10-5）。

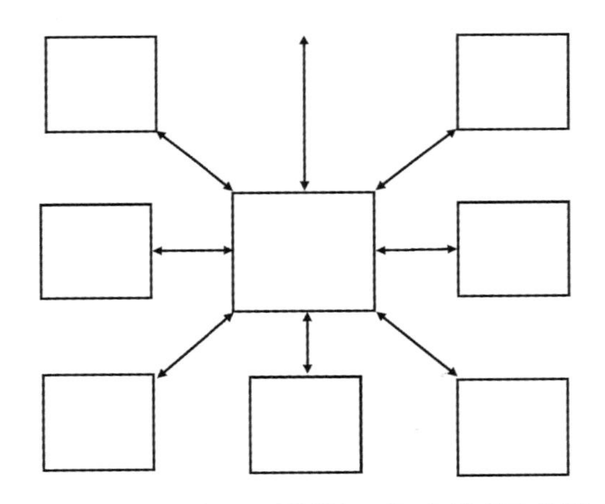

图 10-5　有导航地图的轴辐型概念模型示意图

例外和变化：全部或者部分序列中的元素除了与中心元素相连接，要么有出口，要么与其他辅助型元素相连接。

绩效影响：

- 位置感知——中等。
- 视觉搜索效率——高。

- 操作（执行动作）负荷——低。
- 工作记忆负荷——中等。

可用性影响：

- 易学性——快速和简单。
- 有效性——高。
- 效率——低。
- 满意度——很可能中高等。

适用于：

- 有很多参数和操作的功能模块（所有的参数和操作都应该一起帮助任务完成）。
- 当用户倾向于在绝大多数时间集中于一个或几个相关联的主要任务并且要求在单一位置进行操作的时候。
- 当额外、本地以及临时的任务以对主任务流干扰较小的方式来对主要任务的执行给予补充时。

轴辐型概念模型示例

在这个示例中，中心界面是完成一个包含在文字处理程序中，与定义风格任务相关的操作和参数的概念元素的窗口。中心包含许多风格定义的任务，也有可以进行微调参数设置的辅助元素。这些辅助元素每一个都有一个允许微调设置结果，并在行进到任何其他地方之前返回中心的模态窗口（图 10-6）。

10.2.2　矩阵型模型

结构：矩阵型概念模型有两个主要特征：

1）有几个平行的起点（与只有一个起点的顺序和结构化模型相比）。
2）有一系列至少两个或关联或独立的起点，这也是叫作矩阵的原因。

可以将这种模型可视化为两个维度来表达平行交互流的策略。在一个带有两个独立维度的矩阵结构中，一个维度中的元素与另一个维度中的元素间没有功能或交互流的依赖性。在一个有两个相关联维度的矩阵中，一个维度中的某给定元素的相关交互会决定另一个维度中的可用元素。

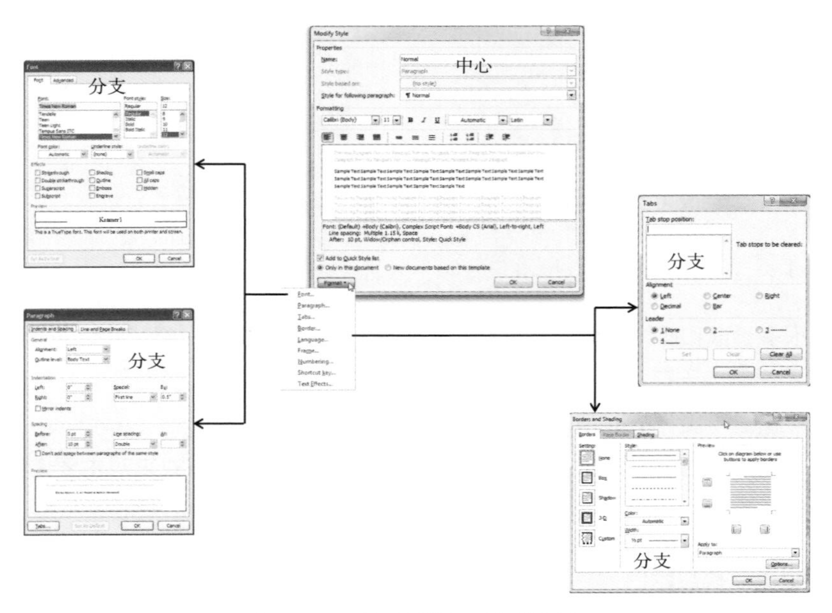

图 10-6　轴辐型概念模型示例

图 10- 7 中的两个视图反映出此模型的两个常用方法：

A. 每个维度中每一个起点都通向相互连接的概念元素序列。

B. 每个维度中每一个起点都通向某单一概念元素，其中大多数交互都发生在该单一元素处。

概念导航地图：有很多入口和出口，且它们之间没有顺序依赖关系；用户可以在任意一点开始。一旦用户在某一给定的起点进入一个交互流，相关联的功能模块可能会在某单一位置出现（图 10-7 中的 B），而这一位置可能包含一个以上的概念元素。而另一种可能，在给定的起点进入一个交互流可能触发数个分配在几个不同物理空间的概念元素（图 10-7 中的 A）。这些中的导航可能是单序列或者轴辐型，甚至也有可能是下面要讨论的网络型导航。

交互策略：矩阵型概念模型允许在同一时间可以与不止一个概念元素进行交互。

绩效影响：

- 位置感知——中等。
- 视觉搜索效率——中高等。
- 操作（执行动作）负荷——中高等。
- 工作记忆负荷——中低等。

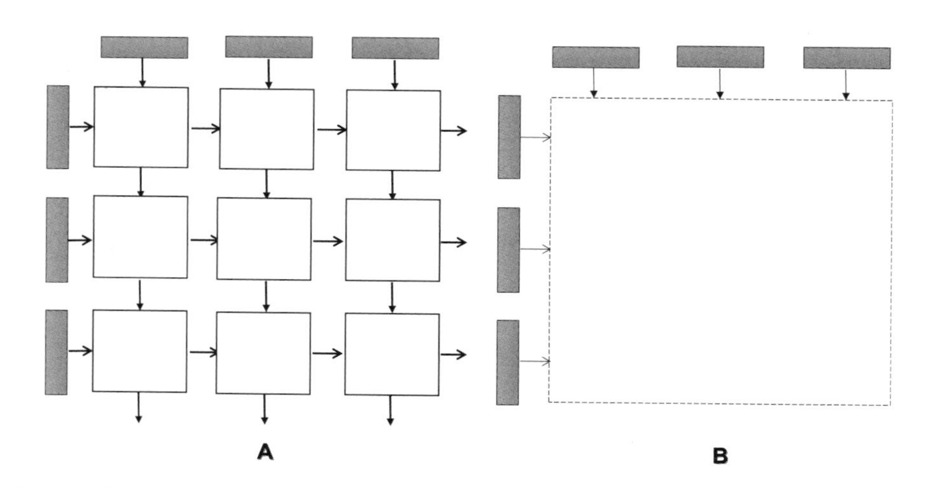

图 10-7　矩阵型概念模型的两个示例：A. 并行的、相互关联的或不关联的起点与一个序列或者一组额外元素相连接；B. 并行的、相互关联的或不关联的起点与一个中心元素相连接

可用性影响：

- 易学性——中等。
- 有效性——中等。
- 效率——高。
- 满意度——很可能中等。

适用于：

- 当有明确的起点可以组成不同的维度时。
- 当起始点之间的关系是相互依赖时。
- 当整个任务结构没有单一的开始和结束时。
- 当根据目标用户需要灵活性和控制来启动不同的任务和工作流时。
- 当有没有特定顺序、重要性或优先级的并行工作流时。

矩阵型概念模型示例

矩阵型概念模型的示例是银行网站。网站在顶部以水平标签栏的形式提供了多个起始点，而用户可以在任意时间选择任意标签。用户一旦在矩阵的水平维度作出了选择，会有可用的额外的平行起始点。这两个维度是具有相互依赖性的。用户一旦在垂直维度对起始点做出后续选择后，相关的概念元素会在页面中央成为可用的元素（与图 10-7 中的 B 类似）。

矩阵概念的实现不需要在视觉表现上进行表达，也就是说，两个维度并非必须在视觉上是两组正交的选项。矩阵两组维度都是以水平方式呈现的选项也是可能的，而且这可以表示依赖和独立系列（图 10-8）。

图 10-8　矩阵型概念模型示例

10.2.3　网络型模型

结构：模型包含多个入口，多个概念元素与物理位置交互连接。在从哪里开始交互流或者导航方面，此结构提供给用户很大的自由度。几乎可以确定的是，许多网站都有一个潜在于网站结构下的基础网络概念模型（图 10-9）。

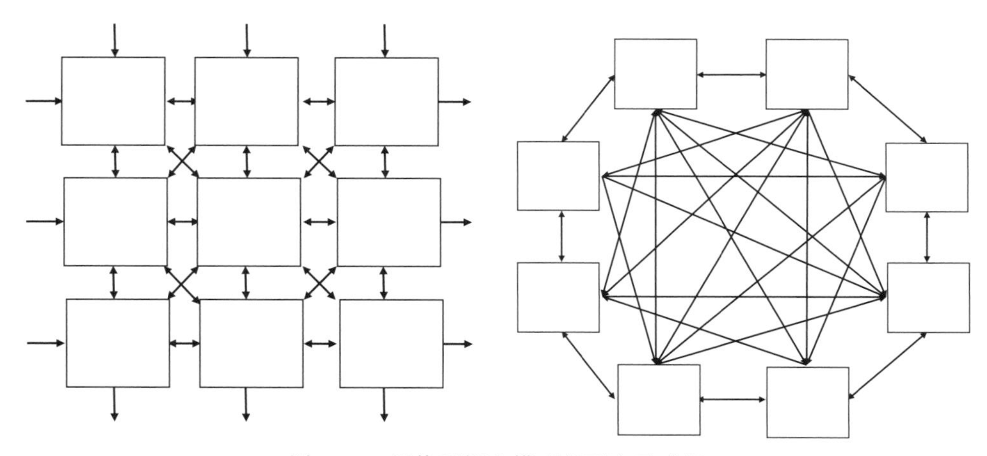

图 10-9　网络型概念模型的两个示意图

概念导航地图：用户可以在多个起点发起多个交互流。因为在概念元素间有多种链接，所以用户可以从不止一个路径导航到目的地。而且，用户可能从一个给定的路径开始，偏离到不同的路径，而且无需结束最初的一个，用户可以在各个点退出。

交互策略：用户可以在同一时间与不止一个概念元素进行交互。

绩效影响：

- 位置感知——低。
- 视觉搜索效率——中高等。
- 操作（执行动作）负荷——中低等。
- 工作记忆负荷——中高等。

可用性影响：

- 易学性——中低等。
- 有效性——中高等。
- 效率——高。
- 满意度——中等。

适用于：

- 当整个任务结构没有单一的开始或结束时。
- 当目标用户需要灵活性和控制来启动不同的任务和工作流时。
- 当用户需要有直接导航到各种位置的能力，而且无需与某一给定的工作流直接相关时。
- 当有没有特定顺序、重要性或优先级的并行工作流时。

网络型概念模型示例

网络型概念模型的例子是商业航空公司网站。网站在多个网页有多种概念元素，图 10-10 中的示例标注出了用户可以达到同一目的地的多个导航路径。为了从主页导航到延误航班和取消页（图 10-10 中的路径 1），用户可以在主页中选择信息及服务选项（图 10-10 中的 A），从而导向信息及服务页（图 10-10 中的 B）。在本网页，用户可以选择延误航班和取消选项，然后导航（图 10-10 中的路径 2）到延误航班及取消页面（图 10-10 中的 C）。另一个到达延误航班和取消页面的方法是在首页选择已取消航班服务选项（图 10-10 中的路径 3）。

另一个例子是导航到飞行状态页（图 10-10 中的 D）。在主页有一个可选的直接选项直接到达飞行状态页（图 10-10 中的路径 4），另一个是从延误航班及取消页面选择飞行状态选项（图 10-10 中的路径 5）。

10.2.4　混合概念模型

很少找到以上任意一种模型作为唯一一种模型存在于任何独立的应用程序中。在大多数情况下，概念模型是几种类型的混合的概述。例如，一个应用程序可以包含一个基于单序列概念模型的安装程序，一个可以进行几个工作流的层级模型，这些工作流又可以导向一个有特定任务的轴辐结构。构建这样的混合模型需要仔细考虑要适合于用户角色和任务，混合模型的相关性将在本书的方法论部分进行讨论。

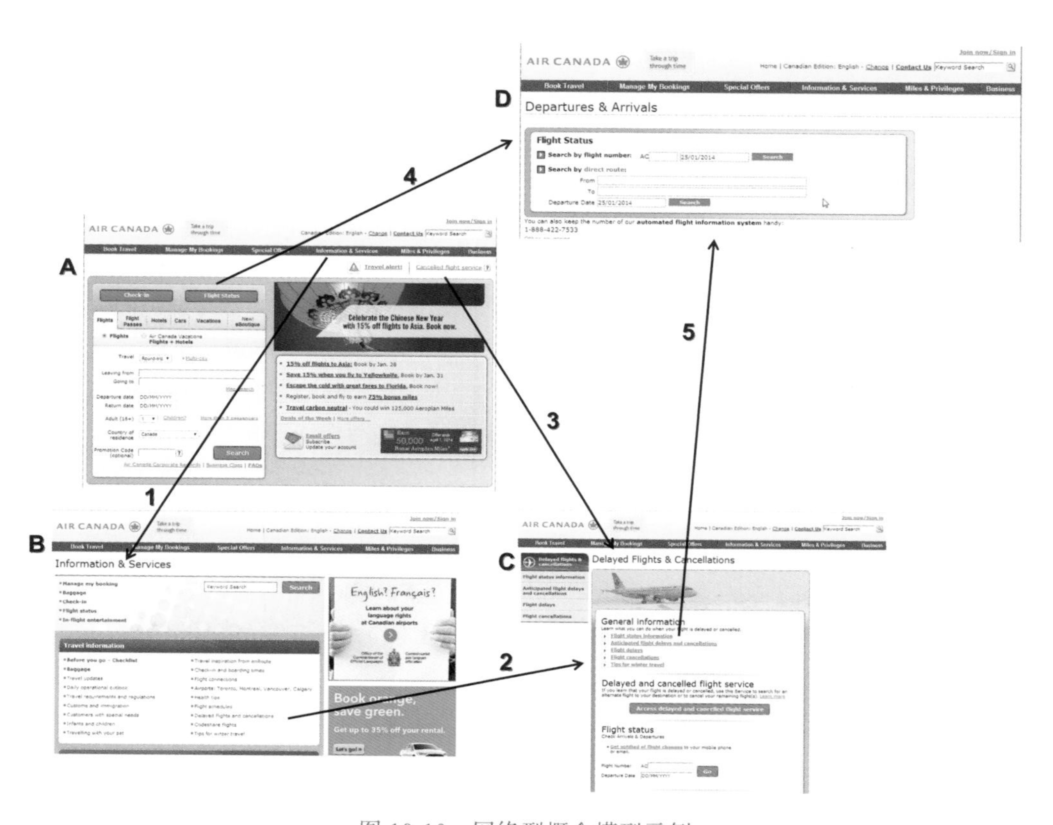

图 10-10　网络型概念模型示例

10.3　概念模型有好坏吗？关于概念模型的复杂性

是否有所谓好的概念模型？这个问题很具诱惑性。是一种概念模型比另一种更好吗？答案明显是视情况而定。一个更合理的问题是哪一个模型或者哪些模型的组合更适用于所给定的情境／任务／用户。之前的每种概念模型概述部分探索过这个问题，特别是在解决每个模型适用于什么上。现在，我们为了进一步讨论这个问题来调查一下概念模型的复杂度。

让我们先从一个基本假设开始：复杂的模型不差而简单的模型也不总是好的。**一个概念模型的好坏取决于其对情境／任务／用户的支持度。** 可能会影响模型复杂度的主要特征以及期间的关系都呈现在图 10-11 中。各类模型主要不同在于其所支持的任务结构性水平的范围的不同（图 10-11 的水平轴）。任务和工作流的高度结构化可能体现在所需步骤的序列、决策点以及在期间的导航分支的最少化上。就像简单事物的运行，任务越结构化，越具有有效性。对任务结构性的支持是与用户在完成任务实现目标的过程中概念模型所提供的自由度相关联的（图 10-11 中的左手侧竖直轴）。这通常反映在概念元素的数量、出口和入口的数量以及用户可采取的路径的数量。模型提供的自由度越高，则在执行各种任务和任务流中的灵活性越高，控制越多。这通常导致更高的效率，特别有利于有经验者和专家用户。与单序列模型相比，网络型模型给用户提供了更多的自由度，而与网络型模型相比，单序列模型更支持和适合高度结构化的任务。

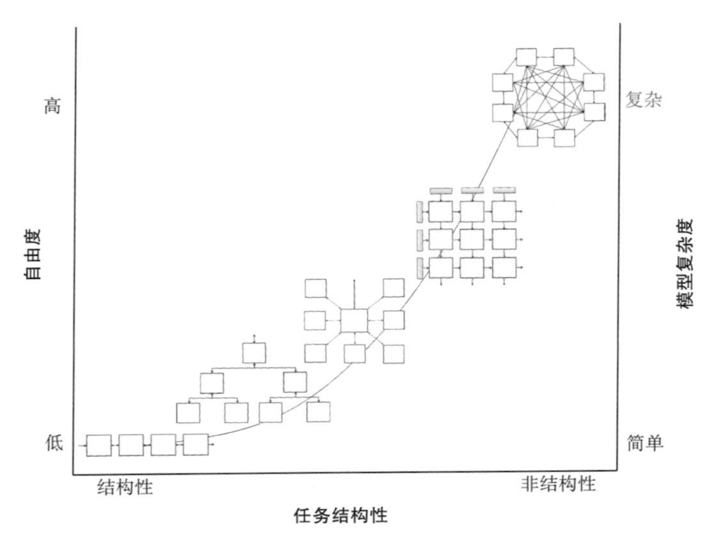

图 10-11　概念模型不同分类在所支持的任务的结构性等级、所能提供的自由度以及模型复杂程度上的总结对比

简单地说，复杂性是一个系统或由许多种元素所组成的情况以各种方式相互联系。

在模型所提供的自由度以及模型所支持的任务结构性方面对模型的描述会影响模型的复杂度。支持高度结构化任务而自由度较少的模型是相对简单的模型，支持非结构化任务且自由度较高的模型则是相对复杂的模型。图 10-11 中在不同模型间的联系暗示在任务结构性和自由度水平间的关系。一方面，会导致模型的复杂度，另一方面，关系不一定是线性的。换言之，随着模型提供越来越多的自由度来支持结构化越来越少的任务，模型的复杂性的增加可能会因此而加速。

正如本节开始时所提到的那样：一个概念模型的好坏取决于其对情境 / 任务 / 用户的支持度。一方面，模型越复杂，对用户来说可能越难理解，而这可能会影响学习、可用性以及整体的体验。但是，这并不能在任何层面表明复杂的概念模型就不好，复杂概念模型支持非结构化任务流，而这更适于有经验者和专家用户。

不要问什么是“好的”概念模型。在本书的方法论部分，我们只回答了一个你应该问的问题：鉴于情境 / 目标 / 任务 / 用户，什么是能够提供支持的“最好的”概念模型？

第一部分总结

本书的这一部分分析和讨论了概念模型的概念，而这对绩效和可用性来说至关重要。以下是这部分的重要观点：

- 概念模型的组成包括：功能模块及其包含的概念元素，概念元素的结构，概念元素物理空间的分配，元素间的导航地图以及导航策略。
- 概念模型的种类包括：序列型、层级型、轴辐型、矩阵型以及网络型。然而，通常大多数应用程序的概念模型是由多种基础模型所组成的混合模型。
- 为满足任务的结构性，不同概念模型向用户提供不同的自由度。而这可导致模型复杂度的多样性。
- 概念模型对用户绩效、可用性以及用户体验有影响。针对绩效，概念模型的影响包括：用户对产品的理解，用户如何与产品一起进行工作（心理模型），交互中的位置感知，视觉搜索效率，操作负荷以及工作记忆负荷。

第二部分
概念设计：方法论

本书的这一部分将逐步介绍交互系统概念模型的开发方法。阅读本书的第一部分来了解概念模型的全貌是很必要的。而本部分也回顾了概念设计的框架以及开发过程中相关的关键思想和概念，所以你也可以直接从这里开始，按照方法论来设计概念模型。

第 11 章

情境中的概念设计：战略性思维

参与概念设计要求你有很好的战略意识并且在概念设计过程中利用这种意识。有战略意识是什么意思呢？简单来说，这表示你需要对概念设计的大情境有一定的了解。这一章讨论了战略意识的一些方面及其和概念设计的关联性。

11.1　商务情境：开发产品的动机和价值主张

当我们设计用户界面时，自然要考虑用户和使用方法，但这些并不是全部。战略和商业方面的事情对如何设计和开发产品有很大的影响，也因此对可用性和用户体验有影响。了解战略和商业方面包括回答下面的问题：这个新的商品是一个经过修正和更新的现存商品还是一个建立在新技术上的全新商品？

对现存商品的更新把设计者和开发者放在了有一些产品经验的背景下，可以请一些用户群来做用户调研，通过总结可用性测试，我们可以知道这个产品的优缺点，或者至少可以调研出其优缺点，而且用户界面和交互风格也建立起来了。相反，如果是一个全新产品，就没有相关的用户群，在优缺点上也存在更多的不确定性，而且用户界面和交互风格也需要从头开始定义。

然而，有一点需要注意：相比于开发新产品，修正或更新一个产品对设计师来说似乎容易很多，然而现实并没有这么简单。已有的产品中可能有一个旧数据会限制修正和更新工作，这种限制在新的产品中并不存在。相反，新的产品存在很多不确定性，因而会导致预料之外的设计决策。

作为一个设计师，你必须知道一个产品为什么会被开发，无论是新产品还是更新换代的产品，你必须要了解动机并且完全明白它对最终使用者和利益相关者的价值。这种理解可以带给你需要加入设计中的一些信息，从而满足他们的需求。

可能有无数个更新换代或开发新产品的理由，让我们来看一下最普遍的一些：

满足用户需求——现有的客户人群也许有一些没被满足的或新的需求，通过他们的请求、抱怨、使用支持及帮助设备的频率和习惯以及可用性测试和用户调研都可以发现这些需求。发现这些需求可以为修正现有产品或开发新产品引领方向。

提供新的或者改进的技术——新技术的开发和发展无论是基于硬件还是基于软件，都是一个修正现有产品和开发新产品的最重要的催化剂。开发和发展新的技术也许是客户需求，也许是不相关的过程和发展的偶然结果。无论哪种情况，当新技术出现并且它本身并没有和用户需求联系在一起时，交互设计师和 UX 设计师的职责就是通过它来发现用户需求，并且运用这些技术进行设计。确保这个新的技术是对人们有利的并且从今往后永远不会对社会产生任何不利的影响是所有参与者的社会责任。

创造或提高收入——开发产品的动机往往是产生新的收入或增加现有收入。换句话来说，向“钱”看。有必要指出，作为对用户需求的反馈，开发一个新产品或者更新现有产品通常和产生或增加收入直接相关——一方面可以引入新客户、客户端和用户，另一方面还可以保留现有客户。

其他跟收入无关的动机——并非一切都被收入的渴望驱使。也有非金钱动机，如对社会和环境问题的关心。服务于非营利性组织的网站或应用程序很可能是由该组织的动机和目标而不是利益驱使。对于任何服务于政府的网站或应用程序，它的成员都不受利益的驱动（至少不是直接的）。它通常是针对宣传、教育以及培养良好公民。

满足商业发展，树立品牌和营销机会——新的商业机会中有一些涉及响应用户的需要，可以是用于开发产品的动机。这样的机会伴随着多种因素而产生，包括：新的技术、新的投资、新的合作伙伴和新的竞争，本地和全球的金融和市场的变化和波动，以及社会和政治的变化。其中任意一个都可能会影响业务方向。这些方向有时可以与品牌的变化有关。设计师必须知道和了解这些变化和趋势，并且吸纳它们作为产品设计所要考虑的东西。

11.2 设计与开发情境：用户主导的方法

在深入概念设计的方法之前，让我们把它融入设计和开发情境。概念设计虽然关键，但它不过是设计、开发和部署交互产品这一更大情境内的一部分。我们假设你熟悉可用性和用户体验设计。因此，下面的简要概述只是建立基本共识，而并不意味着对用户界面和体验设计过程中的各种方法进行全面回顾，甚至也称不上是简要介绍。

我们设计和开发交互系统的过程中有很多定义、规定、标准、方法、描绘和可视化效果。大多数方法遵循类似用户主导的设计理念的核心原则，用户主导的方法简单而强大地让用户作为所有活动的关键点。此外，它主张所有利益相关者（主要是终端用户）的持续参与以及保持整个过程的迭代性，这涉及早期原型的设计、评估、测试、再设计以及再测试。因此，如果我们总结上述特定的方式，设计交互系统的用户界面的过程通常包括几个通用活动。这些通用活动分摊了影响用户体验的目的，无论是在实用性方面还是在情感方面。我们按照这些活动通常的执行顺序将其简单呈现如下（图 11-1），但并不意味着这些活动及其顺序是一成不变的。

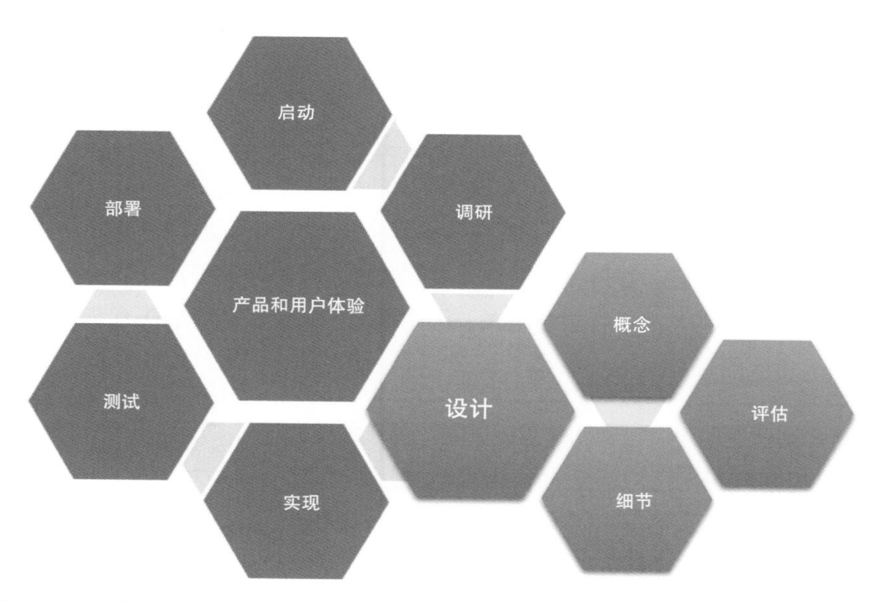

图 11-1　设计用户界面的整体情境中的概念设计。这里的描述一方面突出了其他活动与用户调研的密切关系，另一方面突出了通过评估表现出来的从用户研究到细节设计的转化

概念模型和概念设计多年来一直被看作不同的概念。概念设计通常被视为在以下两者之间的步骤或阶段：做一些用户研究和需求推导；进行系统或程序的详细设

计。大多数概念设计的应用一直是在网站设计的背景下，主要侧重于应对设计有效信息架构的挑战。例如，Garrett（2002）讨论的在信息架构中的导航模型，Lynch 和 Horton（2008）提出的信息架构和导航模式，以及 Brinck、Gergle 和 Wood（2002）讨论的信息架构。

然而，概念模型和概念设计只与网站的信息架构有关吗？Norman（1983）与任何产品进行交互时提到了一种理解——“形成与你进行交互的设备的概念模型”。他还认为，对于你正在与之进行交互的产品在心理模型与实际设计及工作方法之间起连接作用的概念模型是潜在于用户界面之下的。这意味着对任何系统、产品或计算机程序来说，概念模型都是一个非常重要和关键的角色。它适用于与用户进行交互的任何事物。

启动：开发一个交互产品，并将其发行到用户手中，起始于一种需要、一个想法、一个商业机会或者一种技术创新。不考虑产品的动机和原始的驱动力，有一个非常具有代表性的初级阶段，这个阶段引发了所有有关产品开发和发行的活动。这个阶段可能包括市场调研和需求评估、业务合作伙伴关系的发展、技术评估和建立项目团队。后者（建立项目团队）与 UX 的设计息息相关，因为团队的组成可能影响研发和设计等后续活动。

调研：调研活动可以与启动阶段相关联，并往往作为定义“产品是什么样的”的基础，这可能包括市场与用户调研。用户调研对产品的设计活动尤为关键，一些调研活动可以在以后的阶段再次进行，以收集更多的数据或重做一些分析。通常，初始用户调研的结果是一组要求，其中有一些就是设计活动的基础。本书中，我们主要强调对于设计活动的初步用户调研的重要性。

设计：实际用户界面的形成，可用性和用户体验的内涵是通过一系列的设计活动实现的。本书重点介绍这一背景下（图 11-1）的概念设计活动。这里的方法主张用户调研和需求是概念设计的基础，概念设计后来指引我们进行详细设计。评估和测试是贯穿概念设计和详细设计的正在进行的活动。

实现：一旦一个设计到达可以实现的阶段，该产品的实际发展、构造（例如，编写计

算机程序代码）就发生了。在一些方法（例如，敏捷）中，设计、测试和实现常常重叠。

测试：用户导向的方法主张在整个过程中进行早期和频繁的形成性评估和测试。还有一些情况下，总结评估和测试发生在产品发行到最终用户之前。在一些方法中，测试结果是较小的和更短的周期的一部分，包括设计、实现和测试。

部署：不管发展方式是怎样的，最后一个阶段是产品向最终用户的发行或对起初和后续用户的支持。

依据不同的系统发展方式，这些活动发生的顺序可能不同。例如，一些总结性测试可能在发行产品的早期阶段发生，该产品在发布时可能不完整（例如在敏捷和精益方法中，可以对系统的一部分进行设计、实施与部署）或是高度迭代的（例如，可以在测试或者部署后总结经验进行再调研和再设计）。不管具体做法是什么，大多数情况包括上述所有核心活动和过程。

在整个以人为导向的设计中，不论采用何种设计和发展方式，策略和商业的考虑都是错综复杂的。另外，在概念设计的大环境下，项目管理的具体特点是很重要的。下一节将着重解决这些问题。

11.3　项目管理

在管理设计和开发企业的项目中，各种业务考虑和所有利益相关者都会对项目的效率产生影响。作为一个设计师，你应该关注以下几方面：1）在开发方法中开展用户调研的能力；2）保持项目中的设计重点；3）考虑到所有利益相关者可能对交互和UX设计产生影响。

11.3.1　设计和开发方法：用户调研的地位

用户调研是任何产品的概念设计的先决条件。在经典的和更传统的用户主导或以人为本的设计方法中，用户调研显然是必须执行的步骤。而近来的敏捷方法和精益方法等则承诺尽早为终端客户/消费者提供结果，所以充足的用户调研成为了一个挑战。因此，在前期用户调研上花费时间可能会被一些人认为是浪费，似乎不是一个关键的投资。而且，伴随概念模型的基本的前期开发工作，也可以被看作实际开发投入的时间。对于 positive UX 和可用性设计，其他发表的作品在敏捷和精益开发流程方面提供了一些有益的想法和观点（Gothelf & Seiden 2013; Ratcliffe & McNeill，2012）。本书列出的方法是假设一些用户调研已经于设计和开发活动着手之前进行。

11.3.2 多平台和跨平台的设计和发展战略

系统和产品的设计可以在多个环境中的多个设备上运行。用户可以在一个设备上启动任务，并继续在其他设备上完成任务，这被称为多平台或跨平台交互及体验，其中平台被定义为用户与产品 / 系统的内容域相互作用的场所。在计算机交互系统领域，一个平台大多数情况下是一个设备，诸如 PC 端、手机、信息亭、交互式语音响应系统或者任何嵌入式交互设备（例如，车载的内置导航系统）。

在工程中，优先级上会充分尊重多平台下的用户界面、交互和用户体验的设计，这是为商业考虑的原则。由于用户需要或新技术的出现，或由于其他商业目标和考虑，更新现有的产品可以用添加新平台的形式实现。因此，在这样的背景下，该平台的设计和开发将获得最高优先级。在几个平台实现一种新产品的情况下，可以偏向一个平台满足用户需要或其他商业目标和顾虑（例如，竞争和市场的需要、新的合作伙伴）。

11.3.3 团队合作的方法

无论设计和开发的方法是什么，组建一个多学科团队对确保在整个产品生命周期中有效地把可用性和用户体验纳入考虑是至关重要的。此外，可用性和用户体验设计的专业人士有效地履行自己的任务是很重要的。可用性和用户体验设计的专业人士必须同用户或用户代表一起工作。此外还应和其他行业的专家，如商业、市场、销售、工程、软件开发者、图形和工业设计师、技术专家等组成团队。最后，考虑到他们的目标和顾虑，可以间接地与其他利益相关者（如业务合作伙伴、投资者和其他提供商）合作。

第 12 章

概念设计：方法概述

12.1　重温框架

在本书的第一部分中呈现了概念模型的分层框架。这些层次为最终的和细节上的用户界面奠定基础。在本书的第二部分说明了构建概念模型是概念设计的过程，是这个方法的核心部分。在分层框架中（见图 12-1），自底向上共有三个主要阶段。

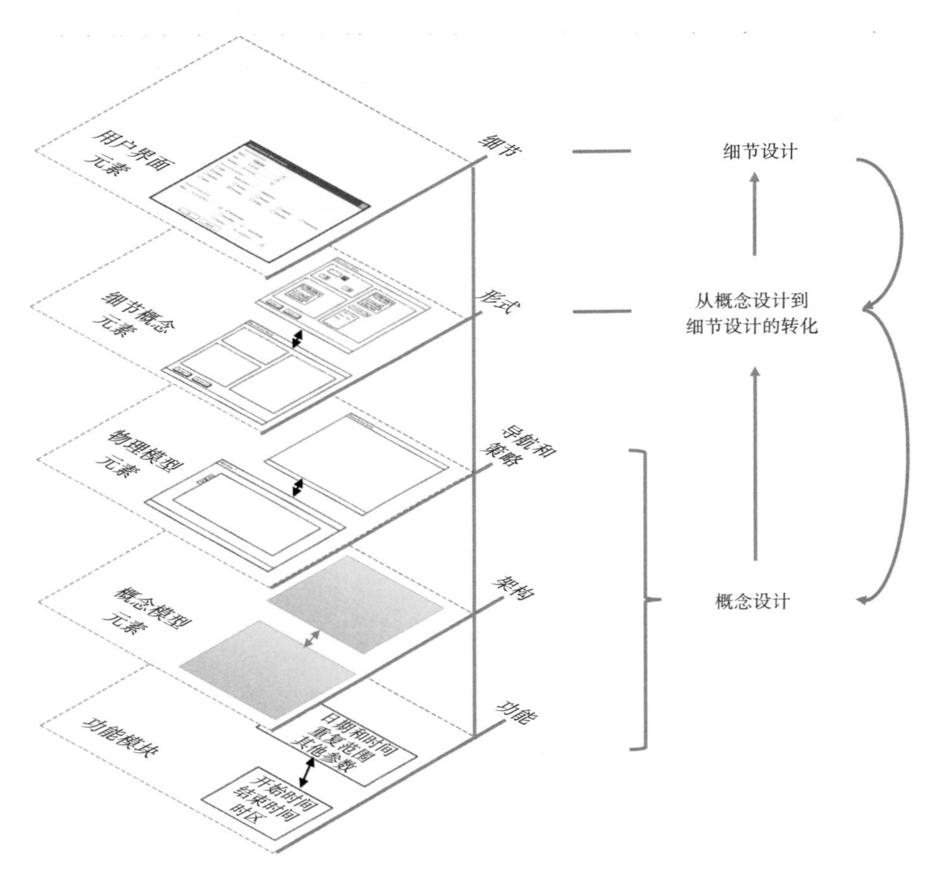

图 12-1　概念模型分层框架（从概念设计到最终细节设计）

概念设计——这一阶段是该方法的核心，并跨越所述框架的三层，即功能层、结构层以及导航和策略层。

从概念设计到细节设计的转化——我们通过增加细节将其从抽象的概念模型具体化。

细节设计——这通常是设计用户界面的最后阶段，但本书不会对其做出说明，因为本书的重点在于整个过程中的概念设计。虽然这看起来超出了概念设计，但由于概念模型是细节设计的基础，因此它仍然是处于该框架之内的。除此之外，细节设计是交互系统设计整体环境中的标志性部分。

该方法将引导你按照框架层次自下而上进行一系列的设计活动。首先，我们必须考虑用户调研的问题，在没有做用户调研之前，不能也不应该开始设计过程。考虑到这一点，我们开始在第 13 章回顾与概念设计相关的用户调研技术和数据类型。第 14 章告诉我们如何确定功能模块及其相互关系。接下来在第 15 章将功能模块转化为概念元素，并使之相互联系，从而建立模型基础和元素结构。在第 16 章中，我们更进一步定义了导航地图。在第 17 章中，我们通过分配概念元素到物理空间来定义导航策略，达到微调导航地图的目的。最后，第 18 章涵盖了从概念设计活动到细节设计活动的转化。每章也将提供一些项目管理方面的考虑。

12.2　项目管理方面的考虑：这并不一定是线性过程

这个过程似乎是线性的，你可能会怀疑它在某些情况下的适用性。尽管该方法是以线性方式描述的，但并不意味着这就是线性的。换句话说，不要慌！这不是暗示我们遵循著名的瀑布方法，也不是说我们一定要遵循敏捷或精益方法。正如你所看到的，每一步都主张一个迭代过程：重新审视之前的步骤并做出一些修改。

我们的目的不一定是遵循线性过程，而是确保设计的所有层次都覆盖到，并在最后很好地集成。

第 13 章

第一步，用户调研

了解用户心理和用户绩效的关键因素对概念模型的设计和评估是至关重要的，值得一提的是，这些因素包括以下内容：

- 心理模型与理解力。
- 位置感知。
- 视觉搜索效率。
- 操作（执行动作）负荷。
- 工作记忆负荷。

在设计的前期、中期和后期对用户及用户习惯进行研究，可以通过有关以上因素的分析获得信息和见解。正如在序言中所说的，熟悉用户和用户使用习惯的研究是这本书的先决条件。由于用户调研对概念设计至关重要，因此我们会进行必要但简短的回顾，因为这本书的重点在于构建概念模型的程序步骤。以下是一些在用户调研过程中与概念设计相关的关键技术和成果的简要概述，我们将用本书方法论部分中“跑步”的例子。

无论出于何种目的，用户和用户使用习惯的研究通常包括以下内容：

- 数据采集。
- 数据分析。

13.1　数据采集

13.1.1　数据来源和采集技术

在进行用户和用户使用习惯的研究时，我们希望能尽可能接近真实用户和他们在执行任务和交互时的自然环境，这将使数据更接近真实生活，或者用更科学的词语来说，有较高的生态效度。但是有时候，我们不得不妥协，只能进行那些远离自然状态甚至都不是来自真实用户的研究。然而，即使与理想情况存在这样的差距，我们仍然可以收集到那些与概念设计过程密切相关的有价值的数据。以下是我们在贴近真实用户和使用的自然情境下进行的用户调研中最常见的数据收集技术的简要概述（见表 13-1）。

表 13-1　以设计为目的的用户调研中常见的数据来源和采集技术总结

	数据来源	采集技术
非常接近真实用户和情境 ↑	情境中的用户	面谈 观察 现场对照研究 背景绩效指标
	情境中的远程用户	远程性能捕获 远程口头数据
	不在情境中的用户	焦点小组 调查 实验对照研究 文档和档案
↓ 远离真实用户和情境	其他利益相关者	商业计划书 文档和档案 竞争分析

13.1.2　数据采集结果

在用户调研中数据采集的主要目的是获取尽可能多的用户信息。表 13- 2 概述了我们想得到回答的关键调研问题、最常见的数据类型以及各种在之前章节里展示的采集技术。最后，该表列出了数据的实际成果，这些数据将应用于概念设计中。

表 13-2　根据调研问题列出的数据类型与主要的实际成果

		数据类型				实际成果
		定性	定量			
		口头数据和叙述	数量和频率	评定量表	次数及时长	
调研问题	谁是用户	√	√			用户概况和角色
	他们在做什么或想做什么	√	√	√		目标和任务，主题对象

（续）

<table>
<tr><th colspan="2" rowspan="3"></th><th colspan="4">数据类型</th><th rowspan="3">实际成果</th></tr>
<tr><th>定性</th><th colspan="3">定量</th></tr>
<tr><th>口头数据和叙述</th><th>数量和频率</th><th>评定量表</th><th>次数及时长</th></tr>
<tr><td rowspan="3">调研问题</td><td>他们为什么这样做或为什么想这样做</td><td>√</td><td>√</td><td>√</td><td></td><td>故事，场景，用例</td></tr>
<tr><td>在什么情况下他们这样做或者想这样做</td><td>√</td><td>√</td><td></td><td>√</td><td>时间，地点，状态，模式</td></tr>
<tr><td>他们怎么做</td><td>√</td><td>√</td><td></td><td>√</td><td>交互流，任务模式，对象操作图</td></tr>
</table>

13.2　数据分析

各种数据分析的实际成果就是我们调研的问题的答案。以下是相关概念设计的主要成果的概述。我们还使用概念设计方法论的“跑步”实例。这里的“跑步”是指字面上的跑步，更具体地说，它是关于促进和支持跑步训练的设备和交互应用。

13.2.1　用户画像和角色

一方面受商务目标和目的的指引，另一方面受所收集的数据的结果的指引，现有的或潜在的用户人群被分段成几个群体，每个这样的部分构成了用户画像，通过关键调研问题的答案进行归类，每个部分由一个人物角色代表。你可能会遇到各种各样的问题，如通过哪些标准来细分人群？应当建立多少用户画像和角色？什么是人物角色的有用参数？这些已经在其他资源中讨论过了（Mulder 和 Yaar，2007；Pruitt 和 Adlin，2006）。图 13-1 展现了跑步实例中的一个人物角色的例子。

“跑步就像电影一样，我可以看到画面，并由此构思故事线。”

Jake

Jake 是一名记者，几乎一周 7 天都在工作，住在加拿大渥太华，随时喜欢跑步，不管夏天还是冬天。当他搬到渥太华后，想在冬天跑步的话应该穿上很多层衣服，包括厚手套。Jake 喜欢跑步时使用心率（HR）监测器、一个播放音乐的跑步追踪程序，并总是携带他的手机。他发现在跑步时跑步追踪程序可以帮助监视他的进展以及决定是否和如何继续改善他的训练。

基本信息

- 记者。
- 与摄影师和编辑一起工作。
- 一周工作 7 天，有时会到很晚。
- 偏爱城市跑步，随时。
- 使用 GPS 和音乐播放器。
- 智能手机的重度使用者。

痛点

- 设备的设置。
- 步骤繁琐。
- 跑步时的信息获取。

目的

- 增加有氧运动。
- 享受跑步。

价值点

- 效率。
- 繁重的工作。
- 健美。

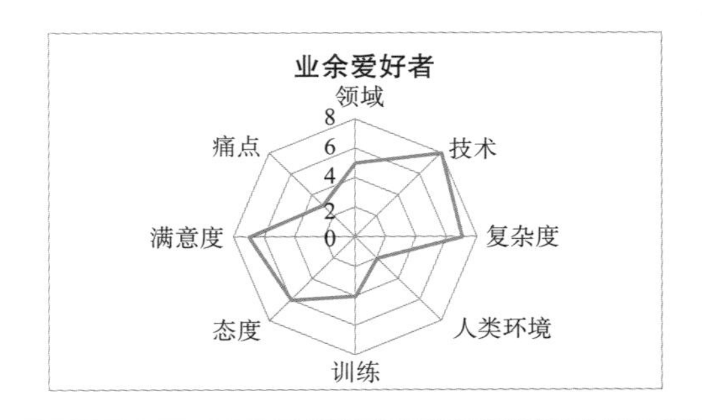

图 13-1　“跑步”实例中的角色示例

13.2.2 用户和使用情景

情景是关于用户的故事。每个角色有几个这样的故事，情景范围从“摇篮到坟墓”式的故事，到具体的“生活中的某一天”的故事，再到与产品交互的十分特定的例子，覆盖用户和给定产品的整个生命周期。正如每一个故事中的场景一样，应该提供直接目标、意图、动机、与产品交互前中后期的状态、成果和交互结果、认知、行为和情感的角色背景（Rosson 和 Carroll，2009）。你应该至少为每个人物角色设定三个情景类型：

1）一个完整的生命周期情景。
2）具体的“生活中的一天”。
3）一个“不确定的”的情景。

该情景为随后进行的分析打下基础，如任务和互动流分析、对象行为分析以及经历和体验地图。

13.2.3 角色和情景意义

让我们考虑人物角色和场景对概念模型的影响。人物角色揭示了一个忙于工作的人，但十分热爱跑步并有强烈的保持和改善身材的欲望。人物角色把掌握科技产品和寻找最先进的设备和应用作为他的跑步热情的一部分。因此，如果符合他的需求和习惯，他将最有可能使用这个应用。

图 13-2 示例场景揭示了多平台和跨平台互动的非常重要的方面。设计多平台和跨平台互动是一个普遍面临的挑战，同时与这本书的关注点，也就是概念设计密切相关。之后的所有例子区别了平台（PC 端或者手机）和概念设计过程的不同活动和成果产生的影响。

Jake 是一名记者，几乎一周 7 天都在工作。他住在加拿大渥太华，喜欢随时随地跑步，不管夏天还是冬天。搬到渥太华后，Jake 想在冬天跑步，他得知要穿上很多层衣服，还得戴上厚手套。Jake 喜欢用心率（HR）监测器和可以播放音乐的跑步追踪程序，并总是带着手机。他发现跑步追踪程序可以帮助监控他的进展，并决定是否以及如何改善他的训练。

Jake 研究市场后，决定用 iPhone 中的应用程序 iMRunning。他用蓝牙连接到心率监测器，为了能在单个设备上获取他喜欢的一切，Jake 通过台式机设立了 iMRunning 网站的个人账户，然后连接，并与移动应用上的账户同步。

在正常天气下跑步时，Jake 可以很容易地设置传感器并应用连接。此外，Jake 准备了好几个运动计划，包括定义参数，如路线、距离、预期的速度和播放列表。每次他准备跑步时，都会选择运动计划之一，然后启动。在跑步时，他通过浏览 iMRunning 应用查看自己在心率、距离、时间和速度方面的位置和表现。

跑步完成后，他可以很轻松地将运动结果同步到网络账户。他总是回顾近期跑步的全部细节，并与以前的跑步作比较，甚至通过台式机上的 iMRunning 网站加入一个组，与他人一起回顾和分享跑步经验。然而，在零度以下的天气中跑步时，他需要戴上手套，这会使设置产生麻烦。此外，在跑步时，他不能触摸或者浏览其他 iPhone 应用程序。在冬天跑步时，他会在使用应用程序和传感器上遇到大麻烦。

图 13-2 “跑步”示例中的重要部分——跑步经历的完整情景示例

13.2.4 任务和工作流程分析

用户与产品的包含动作的交互通常被称为任务。

作为工作分析的一部分，你可以执行用户任务分析、开发人员的选拔、培训设计、人机界面的设计和评估或风险管理和人为错误的分析。任务分析是一系列技术，涵盖对用户任务的信息收集、任务的分析，并产生效果等描述性列表、表格、图表和叙述（如 Annett，2004；Diaper 和 Stanton，2004；Hackos 和 Redish，1998；Kirwan 和 Ainsworth，1992；Rosson 和 Carroll，2002；Shepherd，2000）。然而，所收集的信息及其描述性分析往往不足以满足用于分析的目的和目标。例如，银行出纳员的任务描述性分析可以告诉我们存款是一笔被分解成几个子任务的一项重要任务。这样的描述性分析未必能针对这一重大任务及其子任务是如何在用户界面中表示的，以及是否或如何与其他任务进行组合或集成的这两方面给设计师提供足够的信息。

最常用的分析是分层的任务分析（HTA），也就是任务和子任务的分层结构表示任务结构。这种方法非常受欢迎，因为层次结构可以代表许多任务结构，但请注意，有时任务和子任务不一定具有层次关系。在分析中的第一步是映射任务结构。换句话说，识别和定义顶级用户目标、用户做的各种动作和事件以及使目标实现的触发器。此外，当进行 HTA 的“简约”版本时，会关注像它们的频率和难度等这样的任务特点。

如图 13-3 给出的跑步示例的任务分析（HTA）包含两个层次任务结构，一个用于桌面交互平台，另一个用于移动互动平台。类似地，图 13-4 所示的两个跑步示例的工作流在每个平台都有呈现。

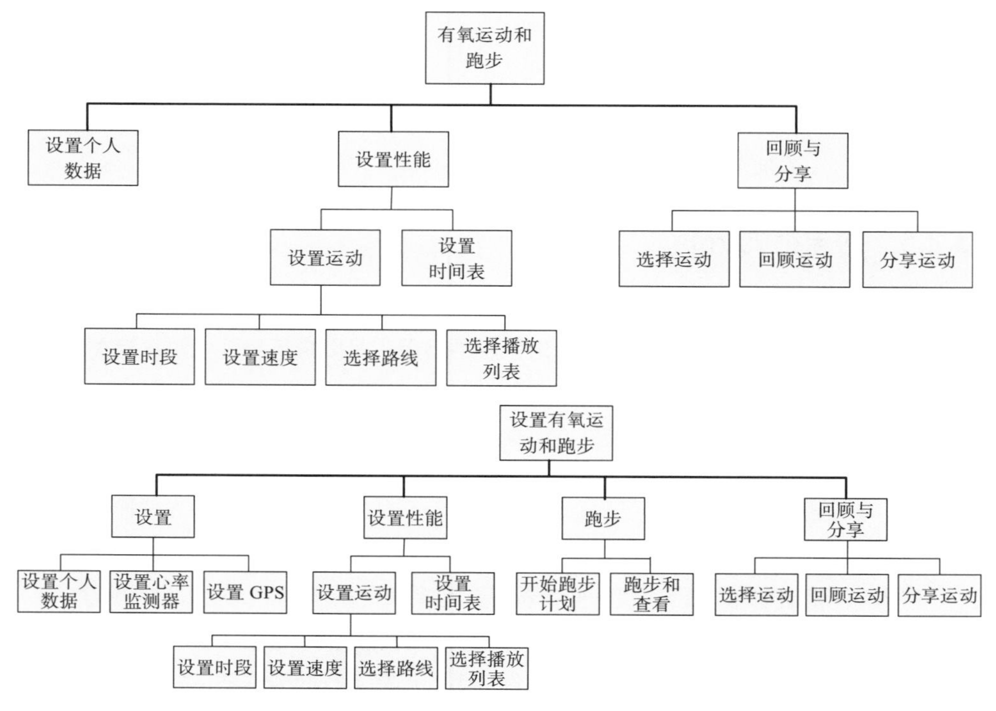

图 13-3　对于“跑步”示例的层级任务分析。顶部示意图是针对桌面交互平台的分析，底部示意图是针对移动交互平台的分析

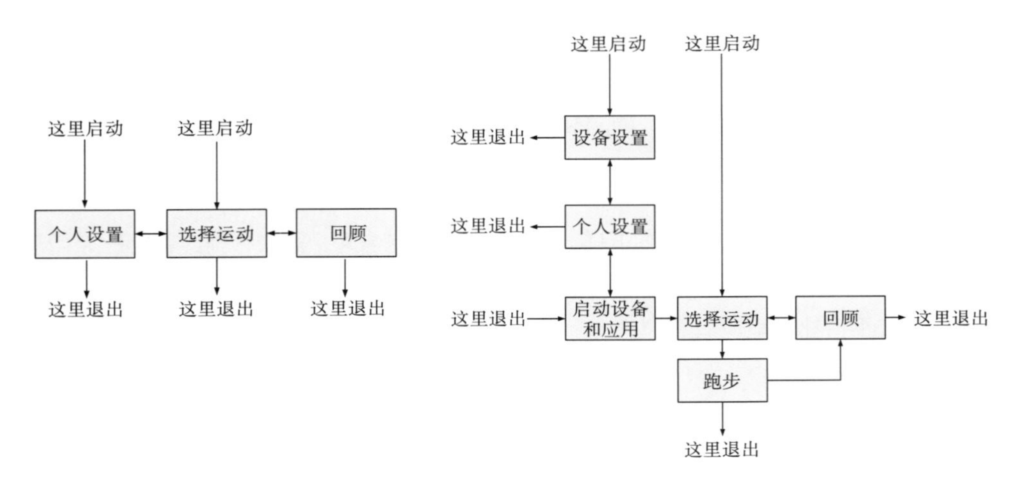

图 13-4 “跑步”示例的工作流程。左部示意图是针对桌面交互平台的流程，右部示意图是针对移动交互平台的流程

13.2.5 对象行为分析

作为产品交互的一部分，用户操作各种各样的实体并与之交互，这在任何故事和用户场景中都会出现。我们称这些实体为对象，并且用户可以执行与任何对象相关的各种动作。对象行为分析描绘了对象以及与对象相关的行为间的相互关系。这种描绘是至关重要的，因为所有对象都应在概念模型中来表示。有三个关键对象类别：

- 人——在任意的故事中，总有工作的或是与交互的产品相关联的人存在。故事中的人可能是只有用户本人或涉及的用户和其他人。在跑步的例子中，对象类型“人”包括跑步者自己，在一些情况下，包括其他跑步者。
- 实体对象——很常见的对象类型是物理的和有形的实体，也就是对象的用户或用户可以看到、触摸和操纵。在跑步的例子中，正在运行的传感器，如 HR 传感器和显示器、GPS 接收器、音乐播放器或道路本身，都是与该跑步者进行交互的有形物体。
- 抽象对象——最后，第三个常见的对象类别包括抽象对象。通过遵循“不是什么”的哲学来定义抽象对象是非常诱人的：他们不是人，而且不是任何有形的对象[⊖]。抽象对象也有可能是信息项。在跑步的例子中，运动计划或已经进行的运动都是用户交互的抽象对象，这样的抽象对象包括有关运动活动的信息。

在许多情况下，一些或所有类型的对象在交互产品的细节设计中都由数据所代表，即是以参数的集合的形式被表示。例如，参数构成个人账户表示跑步者自己。具体的跑步过程中描述的性能参数代表发生了运动的抽象对象。

我们可以进行基于人物角色和场景的对象的行为分析。它的最简单的形式，即在概念中确定所有的对象及其相关的动作。关于多平台和跨平台的设计挑战，还应该指出对象和行动涉及的平台。表 13-3 呈现了在跑步示例中对对象和操作进行这种分析的一个例子。

表 13-3 跑步示例中关于情景的对象行为分析

情景	交互平台	对象	行为
Jake 喜欢戴着心率监测器、一个可以播放音乐的跑步追踪程序，并且手机不离身	移动设备	传感器（心率监测器）、移动应用、手机	穿戴使用
Jake 使用机通过 miCoach 网站建立个人账户，与手机应用程序上的账户连接和同步	移动设备、PC	个人账户	配置 修改 搜索与选择 激活
Jake 很容易地设置传感器和应用程序连接并且让它们工作起来	移动设备	传感器、应用	配置 修改 搜索与选择 激活
Jake 准备了几个运动计划，包括定义过的参数，如路线、距离、所需的速度和播放列表	移动设备、PC	运动（计划过的）	创建 修改 搜索与选择
每次他准备跑，就会选择一个然后开始运动计划	移动设备	运动（计划过的）	创建 修改 搜索与选择

⊖ Lewis（1986）引用 Frege 的著作提出了用否定的方式来定义抽象：“如果一个对象是抽象的，那么它是非心理的和非理性的。”

（续）

情景	交互平台	对象	行为
跑步时，他通过浏览 miCoach 应用查看他的位置和心率、距离、时间、速度	移动设备	实时运动信息	激活 视图 删除 保存
他总是回顾最近跑步的全部细节，和之前的跑步进行比较	移动设备、PC	已完成的运动	回顾 删除 分享

这是对于组件分析的部分分析说明。

13.2.6 旅程和体验地图

映射用户的旅程和体验是整合的任务和目标，也是代表他们的综合影响的有效途径。此外，它是用于描绘用户在各种平台的使用场景的非常有效的方法。它对于识别用户的痛点、确定需求、确定功能优先级以及确定设计和开发工作优先级非常有帮助。

其最根本的形式——旅程映射，是从服务设计学科借鉴来的，是由与该产品的整个生命周期交互的用户的主要使用阶段和任务的矩阵来表示，具有交互平台和接触点（在区域中或主题物上与物体进行交互的点）。如图 13-5 所示为旅程地图运行的例子。

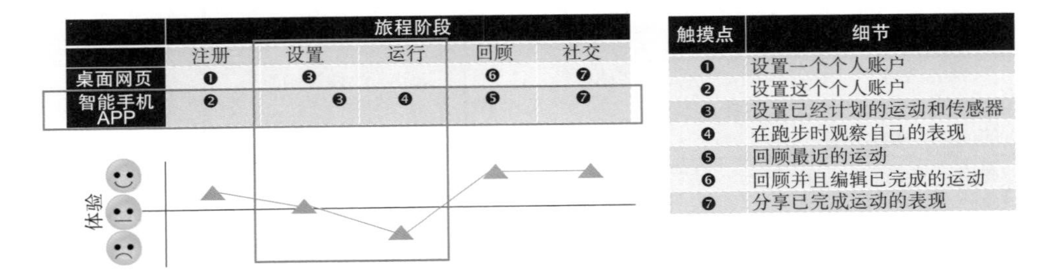

图 13-5 对于“跑步”示例的一个简单的旅程地图的例子。在图中用彩色矩形标注的部分是根据情景来看用户体验较差的部分

13.2.7　可用性要求

易学性、有效性、效率、满意度、可用性和用户体验的关键性在本书的第一部分进行了介绍。此外，这些元素的分析表明，该概念模型可能对它们产生影响。因此，在开发概念模型前，应制定可用性和用户体验的要求。这些要求的制定是用户调研的一项重要成果。

这实际上意味着什么呢？是有可用性的要求吗？需要记住的是，有效性和效率之间可能有一些权衡。应决定模型是否以降低一定效率为代价来支持更有效的交互，或者是作出相反的决定，并且将这个决定变成一个必要条件。除了作为用户调研的结果，还要确定可用性需求与产品有关的战略问题。

13.2.8　战略方面

再回到战略的理解和思考。我们必须意识到业务目标，并确保这些目标直接或间接通过概念模型来满足。这包括了解开发产品等业务方面的考虑，如合作伙伴、品牌和未来计划的动机。另一个重要的战略方面是设计和开发将作为项目进行管理的方式。

用户调研——核心关键点

- 做到这一点！涉及所有团队成员和利益相关者。
- 清楚地定义你的调研问题。
- 考虑可以回答你的调研问题的数据来源和收集技术。
- 识别用户画像，制定角色，并为每个角色构造使用场景。
- 执行任务分析和界定工作流程。
- 映射对象和操作。
- 描绘用户旅程和体验。
- 制定可用性和体验的要求。
- 考虑更广泛的业务方面。

需要注意的是，战略方面的考虑在这里作为用户调研先决条件的一部分。换句话说，某些应该收集和分析的数据应包括产品和项目的战略方面。

我们现在已经准备好开始进行概念设计并构建概念模型。正如你所看到的，没有从调研过渡到设计的魔法，下面是可以弥合调研和设计之间的感知差距的有条不紊的几个步骤。

第 14 章

功能模块：构造核心基础模块

在概念设计的第一步，我们要定义功能模块。这是我们将功能归入系统主题的重要步骤，这一步等价于在网站设计中组装信息架构的第一步。在这一步工作中，我们将会十分依赖于之前在用户调研和分析中所做的工作，一些诸如任务分析及目标行为映射的分析，能指导我们如何定义功能模块并连接这些功能模块。

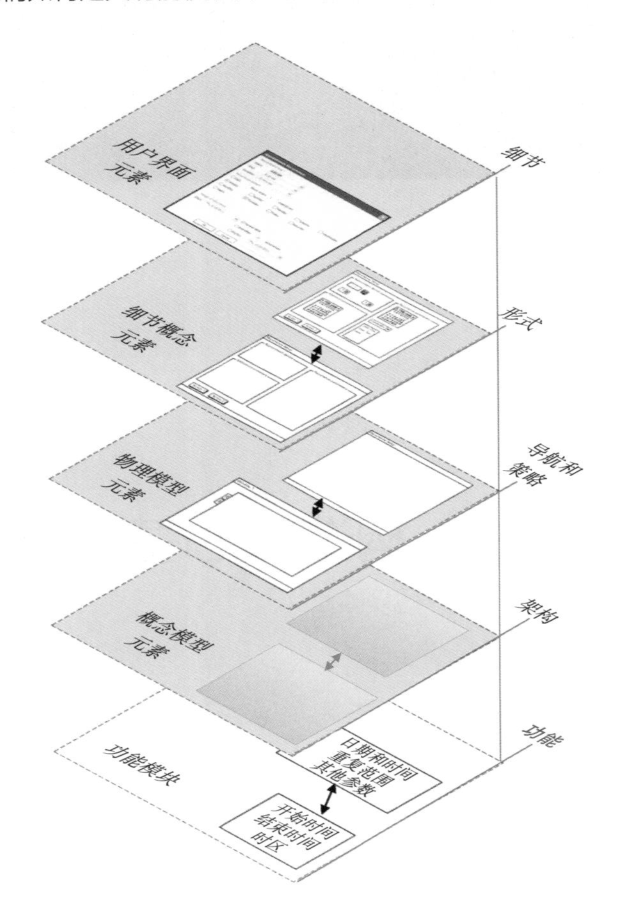

这一步应该做什么？

当我们着手处理这一功能层级时，有三件事应该做：

1）定义功能模块。

2）连接它们。

3）暂停并检查。

14.1　定义功能模块

现在我们开始讲解功能模块。根据我们已做的调研工作，功能是共同构成产品主题的各种动作、元素和参数。构造概念模型的首步是将功能归类成模块，那什么是定义功能模块的重要驱动呢？让我们考虑下面两点：

先验：有时，在归纳功能模块时会有一个优先的考虑。这个先验考虑可以被一些因素驱动，比如：商业因素和市场趋势，品牌战略，产品的底层技术，以及一个具有代表性的用户对产品主题的感知，换句话说，就是他们的心理模型。

自然浮现：功能模块是通过没有先验思考的经验主义探索过程来进行发掘的（例如通过任务分析或基于目标行为分析后，再形成的一个组别或卡片分类法，还可利用 KJ 方法）。

无论功能模块的标准是先验还是自然浮现，我们都希望这些功能模块有意义。什么是有意义的功能模块？一种含糊性的定义是我们根据某个标准定义的功能模块就是有意义的功能模块。但认真来说，究竟用来定义有意义的功能模块的标准应该是什么呢？我们可以通过这两个典型的核心标准来描述有意义的功能模块：任务或对象。让我们从定义一些简单的只有一个核心的功能模块开始。之后，我们将会定义一些被称为组合模块的复杂功能模块。

14.1.1　面向任务的功能模块

定义：用户任务是以面向任务功能模块的核心。

适用时机：遇到以下情况时定义面向任务的功能模块。

- 它们符合用户的心理模型。被用户所证实的任务分析结果可以被看作用户心理模型的表现。请看图 14-1 中移动端和桌面端功能模块的跑步示例。

- 工作流程相当具有面向任务的特性以及结构性。请看图 14-2 中移动端功能模块的跑步示例。之所以没有呈现桌面端的功能模块是因为它的工作流程仅有三个步骤，对于每个步骤所要表现的任务都是十分清晰明确的（请看图 13-4 左图）。

正如图 14-1 和图 14-2 中所表现的那样，在跑步示例中面向任务的功能模块的核心是任务。移动端面向任务的功能模块（图 14-1 上半部分）是如下四部分：设备和个人的信息设置、制定运动计划、跑步以及回顾。桌面端面向任务功能模块（图 14-1 下半部分）是如下三部分：设备和个人的信息设置、制定运动计划及回顾。相似地，基于工作流程的面向任务的功能模块（图 14-2）是如下三部分：设备和个人的信息设置、跑步及回顾。稍后我们将把它们转化成概念模型元素。

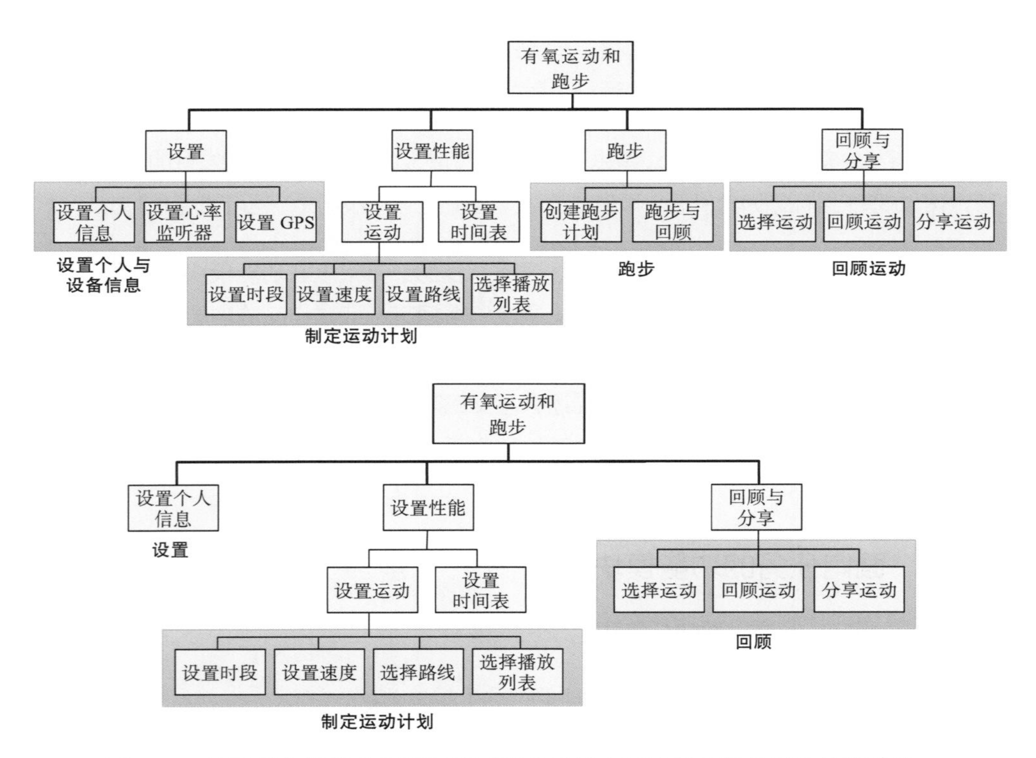

图 14-1　用带蓝色阴影的矩形标明了跑步示例中基于任务等级层次的简单的面向任务的功能模块。移动端在上方，桌面端在下方

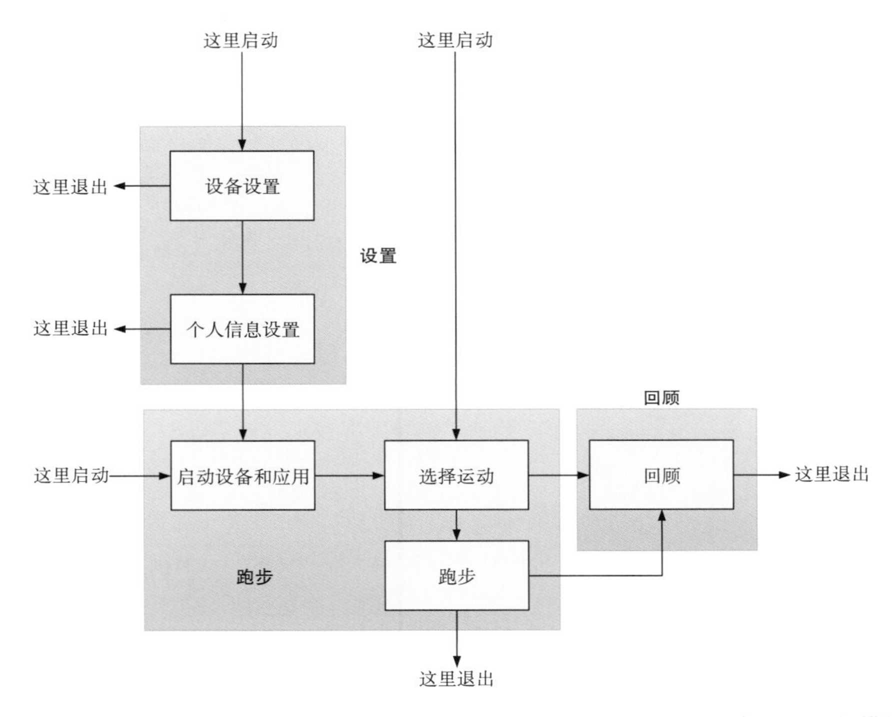

图 14-2　用带阴影的矩形标明了跑步示例中基于任务流的简单的面向任务的功能模块

14.1.2　面向对象的功能模块

定义：面向对象的功能模块的核心是该产品领域的一个对象。首先需要弄清楚我们现在所说的领域或者说主题中的这个对象与编程实现中的那个对象之间是有明确区别的。当寻找面向对象的功能模块时，它们必须反映出这个主题的对象。

适用时机：在以下情况下定义面向对象的功能模块。

- 它们符合用户心理模型。
- 工作流程反映出面向对象的交互效果。

正如图 14-3 中所表现的那样，在跑步示例中面向对象的功能模块的核心是对象。对于移动端来说，对象是运动，而计划、真正运动过程和预热运动是对象的实例。相似地，对于桌面端来说，对象也是运动，如图 14-4 所示，而计划和预热运动是对象的实例。

图 14-3　跑步示例中移动端上面向对象的功能模块

14.2　连接功能模块

在定义功能模块为面向任务或是面向对象的功能模块后，下一步要做的就是概述出功能模块之间的连接。功能模块之间的连接依赖于任务结构、交互流程和对象之间的相关度。也需要考虑各个连接的强度大小，如果几个功能模块总是同时使用或者说它们在交互流程中相互依赖，那它们的连接强度就会更强。

将具有下列情况的简单的面向任务的模块连接起来：

- 在一个多目标产品中，服务于相同的目标。
- 是同一任务流程的一部分。

- 在某一给定任务流程中有时序连续。
- 经常同时执行。

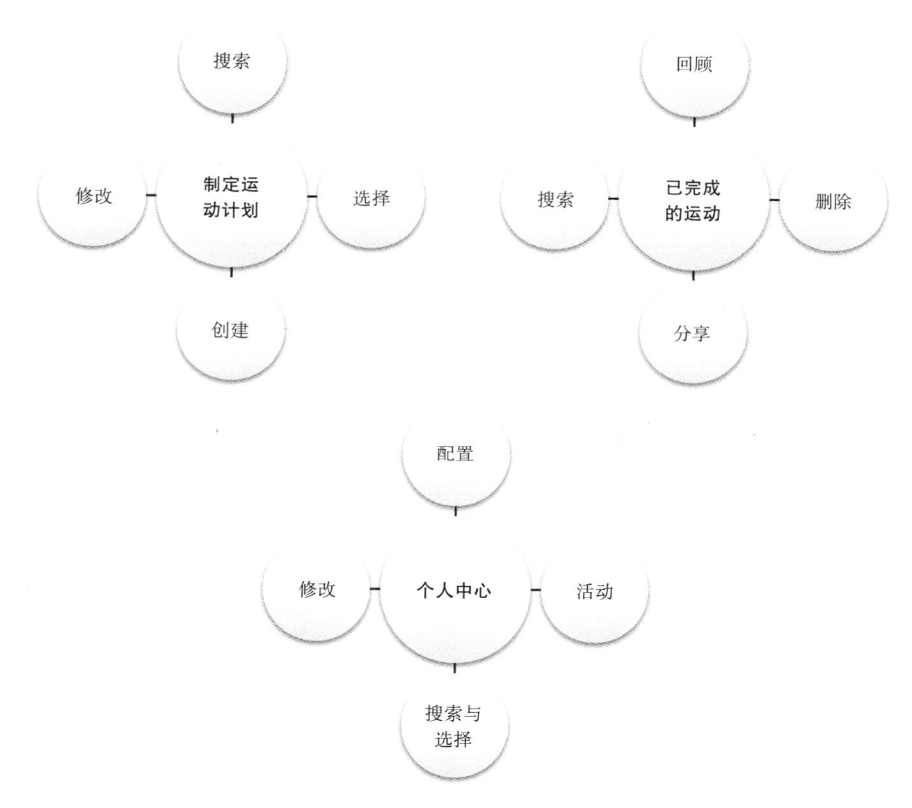

图 14-4　跑步示例中桌面端上的简单的面向对象的功能模块

例如，在图 14-2 中有两个以设置参数为主的简单功能模块：1）设备和个人设置，2）制定运动计划。因为它们是服务于在运动前设置系统参数这一共同目标，所以可以被进一步相连接。另外，它们都是属于同一任务流程的一部分，特别是在当用户准备设置产品的各个方面时的初次使用中。最后，它们时序上具有连续性，总是先设置设备然后处理个人的设置。

在定义这些连接时，也许最终会需要重新定义一些功能模块。特别地，也许会考虑几个内部连接的功能模块组合成一个*复合功能模块*。在跑步示例中，在移动端上，设置设备及个人的信息和设置制定运动计划这两个连接的功能模块可以被重新定义为一个关于设置的复合功能模块，如图 14-5 的上半部分所示。相似地，在桌面端上设置个人账户和运动计划可以合并成一个关于设置的复合功能模块，如图 14-5 的下半部分所示。

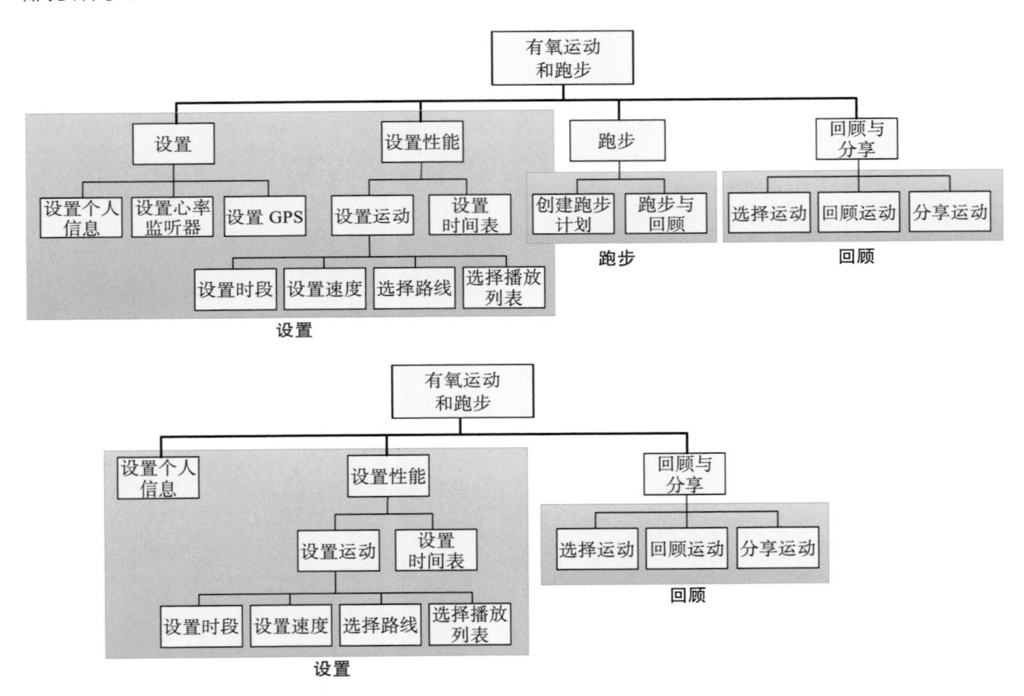

图 14-5　重新定义复合的面向任务的功能模块。上方的图表示移动端的复合功能模块，下方的图表示桌面端的复合功能模块

对于面向对象功能模块，我们可以使用一个相似的方式。将具有下列情况的简单的面向对象的模块连接起来：

- 所代表的对象有着共同的意义。
- 所代表的对象之间有一些亲密关系。

例如，在图 14-6 中，我们可以看见两个关于跑步示例的移动端复合功能模块。上部的复合功能模块是“运动”，它结合了所有在图 14-3 中第一次显示的关于运动的简单的面向对象的功能模块。它们被组合成了一个复合模块因为所有对象有共同的关于用户的意义，并且符合心理模型。在图 14-6 中另一个复合功能模块组合了个人账户和传感器功能模块。这两个对象之间有着亲密的关系：它们代表的对象在跑步之前是共同工作的。这两个面向对象的功能模块被组合进一个复合的面向任务的功能模块，并且符合我们在检验面向任务的功能模块定义时所提出的要求。我们可以借用相同的原因来定义跑步示例桌面端复合的面向对象的功能模块，就像图 14-7 所呈现的那样。

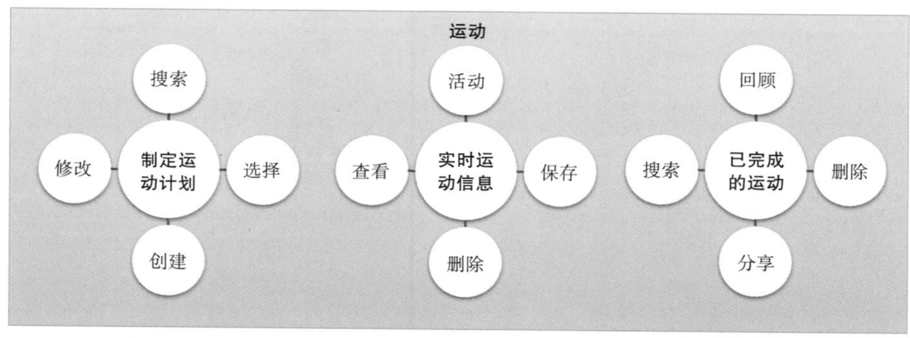

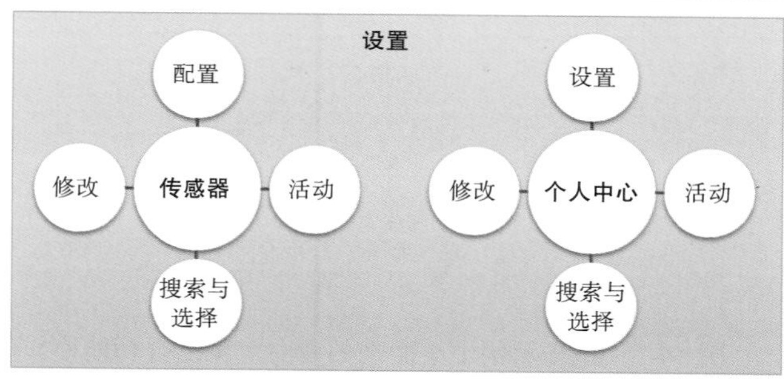

图 14-6　跑步示例中移动端的面向对象复合功能模块

除了上文所提到的标准，也可以通过以下方法连接简单的面向任务或面向对象的功能模块：

- 使用环境（当功能模块在关联到同一使用环境或是在同一使用环境下进行，并且明显区别于在其他使用环境进行的其他功能模块）。

- 交互通道（当功能模块是典型地在一个给定的交互通道中进行，并且明显区别于在其他通道中进行的功能模块）。

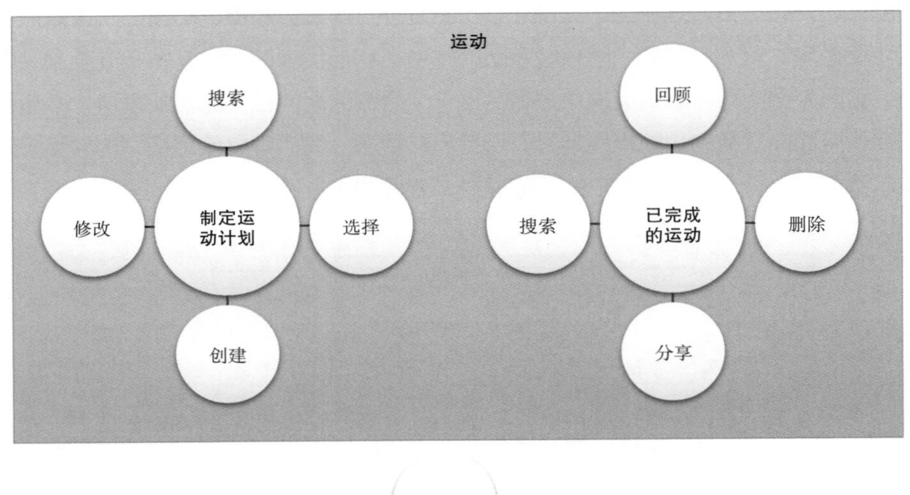

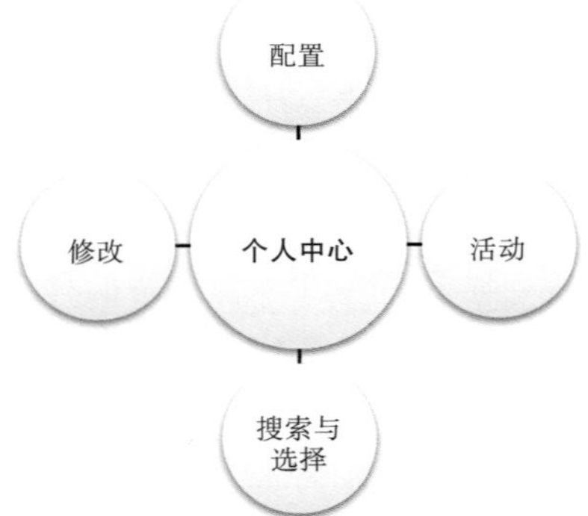

图 14-7　跑步示例中桌面端的面向对象复合功能模块

根据跑步示例的工作流程，我们可以区分多个使用环境或者状态：初始设置、跑步前、跑步时和跑步后。在跑步示例的任务分析中（图 14-1），与回顾跑步表现有关的任务仅可以在跑步后执行。跑步功能模块（具有跑步时的实时信息）只能在智能手机或运动手表之类的移动设备上。相反，与设置个人账户或回顾跑步表现有关的任务可以在台式机的网站或程序以及智能手机与平板电脑的 App 或网站上处理，但是它不能在功能有限的运动手表上处理，这些都应该在定义复杂功能模块是面向任务还是面向对象还是两者都是的阶段就应该考虑的。

复合功能模块的定义将会在之后影响到关于如何分配概念元素至实体位置的决策。将一个复合功能模块分配至一个单独的实体位置比将多个简单的功能模块分配至分散的实体位置更为合理。我们马上会看到它将影响导航以及导航策略。

14.3 检查点：回顾并修订

到了这一步时，基于之前的用户调研和分析，我们已经定义了简单和复杂功能模块并且将它们连接起来了。我们会意识到问题并没有全部解决，也许离得出结论还有很长的路，也许并不确定功能模块的定义和它们之间的连接，也许有多个可变的定义和连接，也许并没做好下结论的充分准备。

这一过程需要反复迭代。此时是一个很好的机会来回顾所做的工作，可能需要一直回溯到用户调研并且考虑收集更多的数据。也许要返回重新做任务分析，提炼甚至添加或删除人物角色和情景，也许需要再去找相关用记证实一下他们关于功能模块的策略。

跑步体验示例：回顾功能模块并迭代

1）采集更多数据来判断用户通常会是跑步后立刻查看记录还是会等到他们使用台式机或笔记本的时候。

2）考虑一个用户边跑步边查看记录的场景。

3）重新做一遍任务分析与任务流程来结合一下跑步与回顾的复合功能模块。

14.4 项目管理方面的考虑

我们现在有了功能模块的定义。考虑一下产品开发项目的具体环境，现在有一个大的趋势是定义一个“最小化可行产品”(MVP)，特别是项目启动时使用简洁灵活的方法。

我们的工作是保证在产品特性的用户体验上没有空白间隙。换言之，让我们考虑“最大化可行体验”(MVX)。在它的早期阶段，它是用来确保在用户可以理解的情况下来定义功能模块；再换言之，它们可以匹配现存的心理模型或开发一个新的心理模型。

功能模块——核心关键点

- 利用任务分析、工作流和对象行为分析来定义面向任务和面向对象的功能模块。注意，对象也可以是信息类项目。
- 连接功能模块来定义复合功能模块。
- 产出：具有功能模块的图表。
- 与团队成员以及利益相关者一同评估来确认功能模块的定义。

第 15 章

架构：绘制概念模型的第一个粗略原型

我们希望能快些做出能够拿来展示的东西，不过将功能模块放到一起并排布它们的结构是个需要和所有利益相关者商讨的重要步骤，了解清楚用户界面将会如何发展依然是个麻烦事。在架构功能模块的步骤中，我们粗略描绘出一个看似模型一样的东西，你甚至可以简述一下用户如何与它交互。它是我们第一次描绘的模型，也可以说是第一次可视化概念。

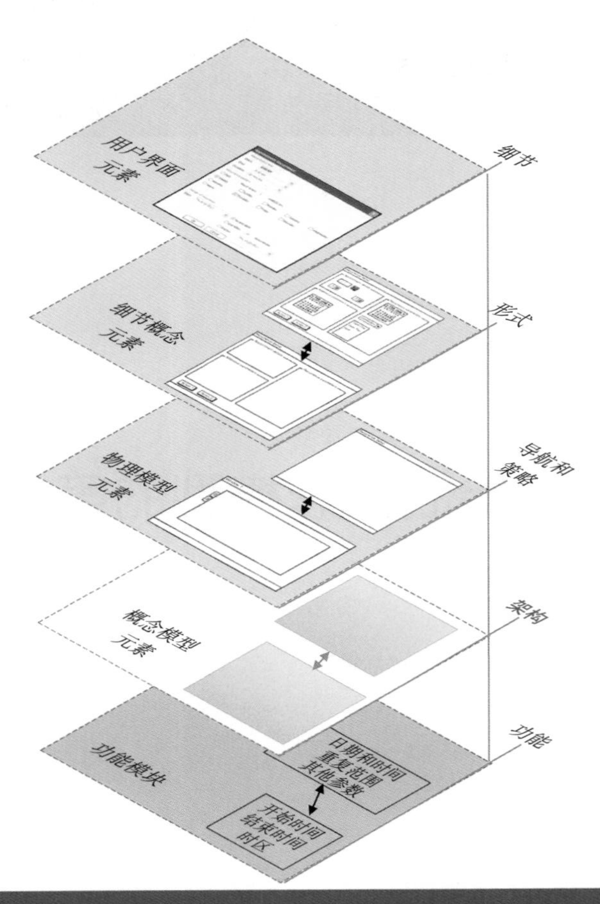

这一步应该做什么？

架构层需要做如下工作：

1）定义并配置概念模型元素。

2）确定关键元素。

3）重新配置元素。

4）检查。

15.1 定义并配置概念模型元素

一旦你定义了功能模块，无论是简单的还是复合的，你现在可以将它们转化成概念模型元素。正如前面所解释的，一个更为抽象的功能模块展示更加好理解，往远了说，将来也更好对概念模型进行评估。接下来是配置概念模型的两步：

1）每个功能模块都用对应的概念模型元素表示出来。此时，我们应该会有一些简单的面向任务或面向对象的功能模块。另外，我们还有需求交互流程。无论它们的类型和可行性如何，我们都应该先将功能模块抽象至能适应最好的交互流程。因此，我们将会得到代表一些面向任务或面向对象的概念模型元素。请看图15-1中关于跑步示例的概念元素，标注一下那些能够用来表示运动这个任务的元素，或是如回顾和分享这类任务的元素。

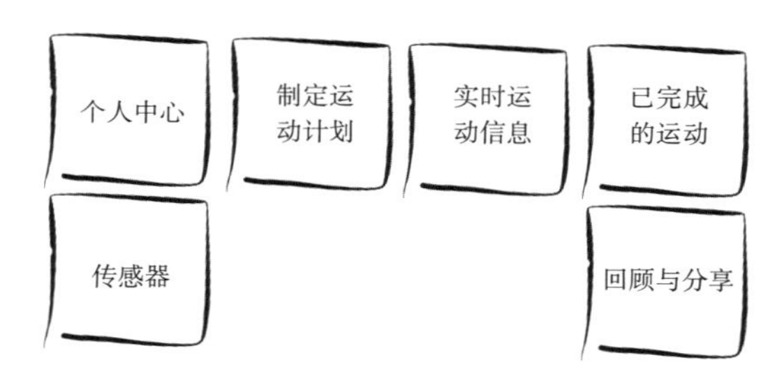

图15-1 跑步示例中的概念模型元素。注意这些元素与移动端和桌面端交互平台都相关

2）当连接元素与之前连接的功能模块相关时，定义复合概念元素。这时注意一下，连接并没有表现出完整导航地图的全部细节。请看图15-2中关于移动端和桌面端的交互平台。

配置的结果就是概念模型的基础。

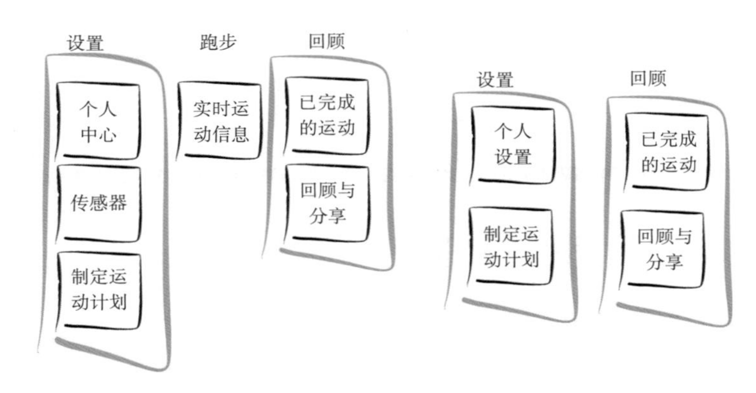

图 15-2 跑步示例中基于简单功能模块连接得出的复合概念元素，左侧是移动端交互平台，右侧是桌面端交互平台

15.2 寻找架构中的关键元素

概念模型需要有一个有意义的架构。仅靠概念元素的连接恐怕还不足以表现出一个有意义的架构，你需要细细思考它，然后它就会给你灵感。一个有意义的架构应该是一个能很好代表用户心理模型的或能诱导用户形成新心理模型来促进理解、工作流程、平台和情景的约束、商业和品牌方面的思考。得出一个有意义的架构是非常重要的一步，因为它将一大堆元素间的连接转换成了一个连贯的概念模型。概念模型中所讨论和体现的东西能在原型初期成为最通用的连贯模型范本。

为了更好地评估架构并把它转换成一个有意义的心理模型，思考一下是否有某个概念元素或一些牢牢连接在一起的元素能作为核心概念。打个比方，用户体验的核心概念对于交互系统的意义就好像在输入文字对于写文章的意义、准备 ppt 对于展示报告的意义、在画板上勾勒轮廓对绘画的意义、设定会议安排对于日历系统的意义，整个过程就好像写好并发送一条 tweet，或是监控一个自动过程。

重要元素通常会满足以下几个标准之一：

- 被频繁使用。

- 起决定性作用。
- 具有最为常见且稳定的状态。
- 最能代表商业目的或品牌。

在以下部分仔细查找重要元素：

- 用户角色和场景。
- 任务分析。
- 核心用户界面和可用性需求。
- 商业目标和品牌效应。
- 使用环境。
- 设备 / 平台限制。

在跑步示例中，基于用户调研我们发现两个重要元素：运动和跑步（图 15-3）。运动元素似乎在移动端和桌面端的所有工作流和任务中都保持一致，用户会在跑步前、跑步时和跑步后用到它。另外一个重要元素是包含了所有有关跑步的内容：计划跑步、实施计划和回顾跑步过程。跑步元素是移动端上为主旨服务的核心元素。

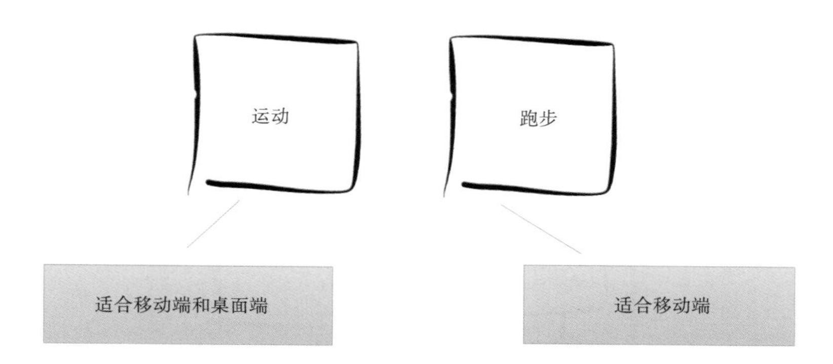

图 15-3 跑步示例中的可行关键元素

需要强调的是，并非一定要在概念模型中完全以重要元素为中心。在检验之前所讨论的轴辐型模型时，模型的轴心是一个大多数交互发生的中心，而且在完成任何辅助交互后，用户会回到轴心这个中心位置。相反的是，单序列模型和网络模型似乎并没有类似轴辐式模型轴心的存在。然而，这样的模型依然具有核心元素。例如，在具有网络概念模型的网站，首页是中心。在一个单序列模型安装向导程序，开始的地方可能是关键点，在层次概念模型中，最顶层可能是关键元素。

15.3　重新配置模型

现在是时候重新审视一下概念元素的架构来表达你已确定的关键元素。它不仅仅是做一下图形旋转或重排。它的目的是让重构模型在某种程度上要么更符合现有的心理模型，要么能够直观地被理解从而有助于建立一个新的心理模型。此外，重构将有利于下一步的导航地图概述。

在跑步示例中，我们选择了运动作为重构概念模型的关键元素。做这个选择是因为它在移动端和桌面端的所有工作流和任务中以及大多数状态和用户旅程的阶段都有出现。移动端和桌面端的重构概念模型分别在图 15-4 和图 15-5 中展示。值得注意的是，两个平台中的概念模型有一些相同的复合元素：运动、预置和跑步后。通过这两个平台将提供一个更清晰的用户体验。另外，移动端的概念模型有一个额外的实时运动元素。

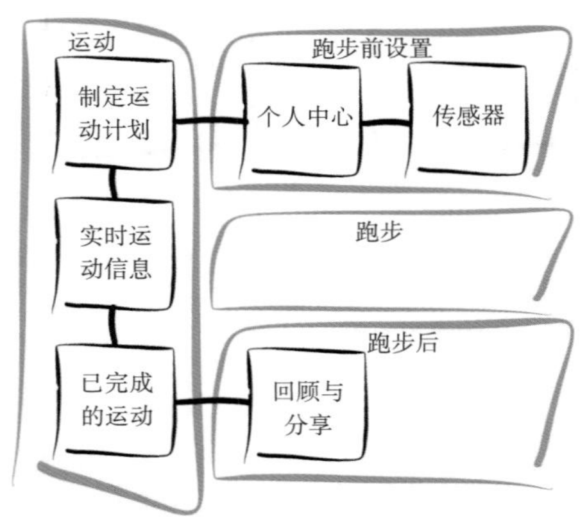

图 15-4　跑步示例中移动端的重构概念模型

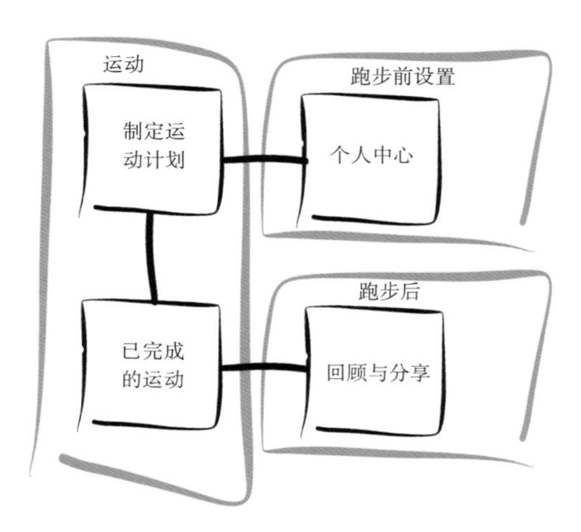

图 15-5　跑步示例中桌面端的重构概念模型

15.4　检查点：回顾并修订

此时，我们已经有一些可作为模型的东西：元素、功能模块以及它们之间的内在联系。回顾中的一个重要方面就是架构，即表达关系的连接。尤其是，重新评估你对于已有重要元素所作出的决定是十分重要的。你应该在需要做决定的时候回顾用户调研中的相关方面和参数。

跑步体验示例：重新进行配置并迭代

1）重新回顾用户调研中关于两种候选核心元素使用频率的数据，两种候选核心元素分别是运动与实时跑步信息。

2）当计划或回顾运动过程与实时跑步信息对比时要考虑在不同平台和不同情景间进行清晰区分。

3）评估是否有两个概念模型，一个用于移动端的实时跑步，另一个用于非跑步时段的其他平台。

15.5　项目管理方面的考虑

我们现在有一个草图，换句话说，我们有一个用户界面的“架构计划”。我们已经可以分享它了么？假设你和利益相关者，特别是用户，合作密切的话，你应该和他们分享一下。利益相关者应该会对这个表示提供一些初步反馈，这将演变成详细的概念模型并将过渡成为详细设计。那么究竟什么才是能帮助快速实现的敏捷和精益方法呢？我们可以通过团队合作的方式来实现它。在团队中我们也需要把好关，我们的工作是确保好这个“架构计划”存在并使得用户们理解它。

然而，做到和所有人一起分享一个抽象的描述往往很难。一些团队成员和利益相关者往往需要看到一些更具体的东西，他们希望看到一些更具体的线索，以更好地理解基础概念。需要强调的是，这里概述的方法并没有阻止你采用一些概念模型元素来提供更多细节。然后你可以得到更近一步发展的概念模型或进一步发展的其他元素。正如前面所说，目标的完成过程并非会遵循线性过程，不过需要确保所有设计层最终都将被覆盖并整合。

配置——核心关键点

- 用简单或复合的功能模块来定义概念模型元素。
- 概念元素可以是基于面向任务和面向对象的功能模块的结合。
- 配置元素：描绘元素间的连接。
- 根据用户调研来决定是否有一个核心元素——最重要、最常用的元素。
- 重新配置模型。
- 结果是一个表示概念元素和它们配置的图表。
- 与你的团队成员和其他利益相关者一同评估来确定模型。

第 16 章

导航地图：从一处移动到另一处

导航和策略层的主要研究方面是概念模型的导航图。正如书中前面所说的那样，想要得到完整的导航地图并非只是连接概念元素之间的路径。完整的导航地图还应当包括基于概念元素分配至实际位置的导航策略（模态）。然而，为了形成能够一步一步执行的方法，我们将把这一层分割为两步：在这一章解释如何勾勒出导航地图的概貌，之后在下一章会完成实际任务并实现导航策略。

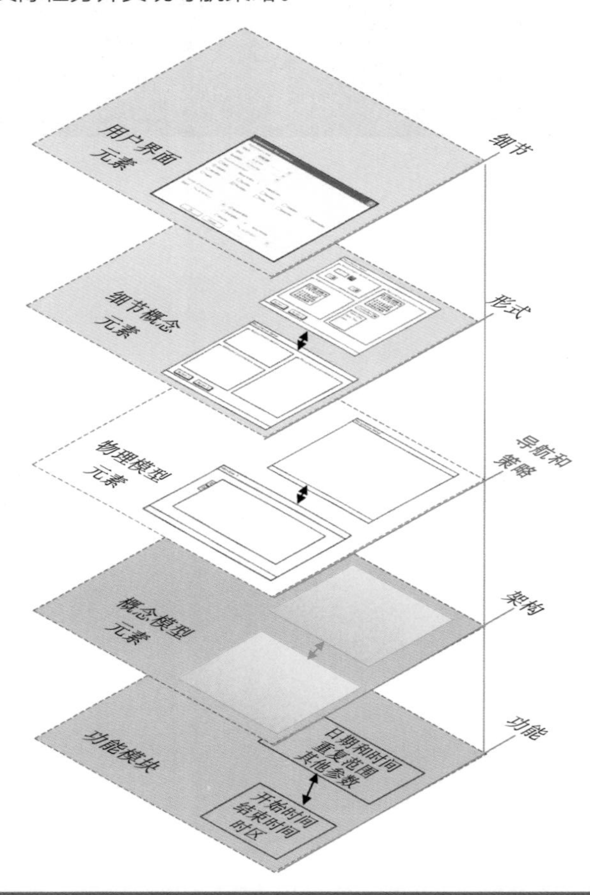

这一步应该做什么？

在导航和策略层我们需要做以下事情：

1）概述一下导航地图。

2）评估并修订。

16.1　导航地图概述

目前我们已经确定好了核心概念元素，并重构好了模型以适应元素，由此得出了导航地图。随着进一步设计过程的推进，我们接下来将要考虑由概念元素到实际位置的分配来改善导航地图并确定导航策略。不过目前，我们要通过以下定义勾勒出概念导航图：

- 概念元素的进出口。
- 概念元素之间连接的导航方向。

为了完成上述任务，我们应该使用基于已定义的核心元素和交互工作流的重构模型。在导航方面，核心元素的概念应当是我们希望用户能够尽快理解的东西。它可以是起始点或者是完成的最短路径。这不仅应当与典型交互工作流对应，也需要支持所有其他可能存在的未被用户调研所覆盖的工作流。

跑步示例中面向移动端和桌面端的导航地图在图 16-1 和图 16-2 中分别展示。请注意在这两幅图中都有多个进出口。我们需要在分配元素到实际位置并微调导航地图的时候考虑它们。

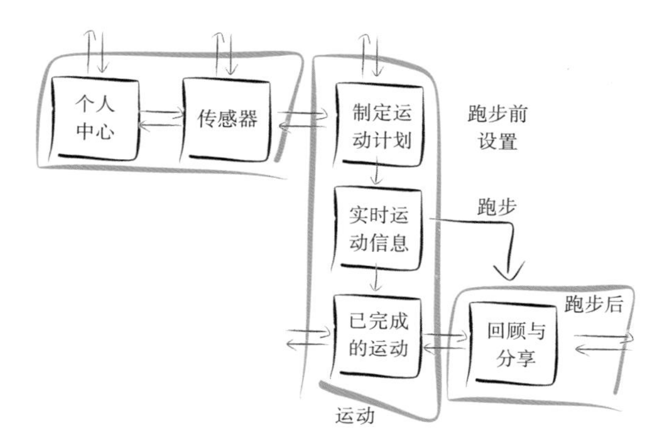

图 16-1　移动端跑步示例的概念导航地图

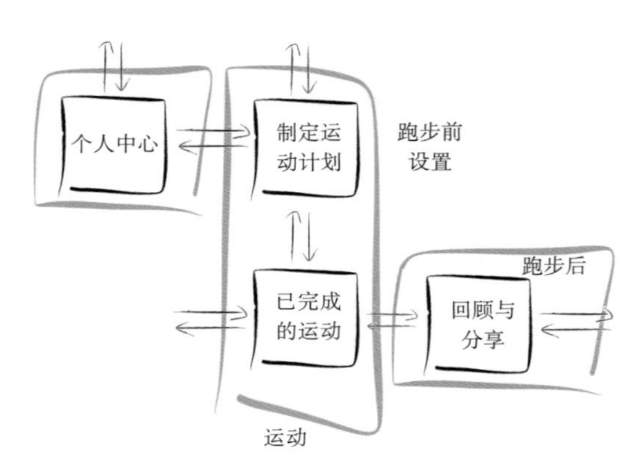

图 16-2 桌面端跑步示例的概念导航地图

导航地图保留了所有模型的概念元素，但我们可以重新勾勒一个能够反映行程图和工作流程的草图。在图 16-1 和图 16-2 的例子中，元素以一种最典型最常见的工作流程方式（从左往右和从上往下）排布开来。对于典型的工作流程来说，无论是移动端还是桌面端，都是先进行预跑设置，然后进行跑步，最后做跑步后的活动。穿过箱子的双向箭头所描绘的复合元素代表了交互的起始和终止位置。注意在两类导航地图中，运动的关键状态是一致的。

16.2 评估并修订

此时我们拥有的是一个包括导航地图的概念模型。它是一个有效的模型吗？它是一个良好的模型吗？换句话说，这个模型适合用户需求或者满足商业目标吗？当我们所拥有的不过是一个草图时，解决这些问题可能将会是一个严峻的挑战。然而，我们可以在评估模型的有效性和优点时解决一些这方面的基础问题。

首先，谁应该参与评估？理想情况下，所有利益相关者代表都应该参加。包括用户、设计开发团队、产品商业方面的代表。其次，既然此时我们已经有了草图，便可以开始审查评估模型。这个审查应当通过概念模型（如图 16-3）和有声思维法进行一个情景演练。

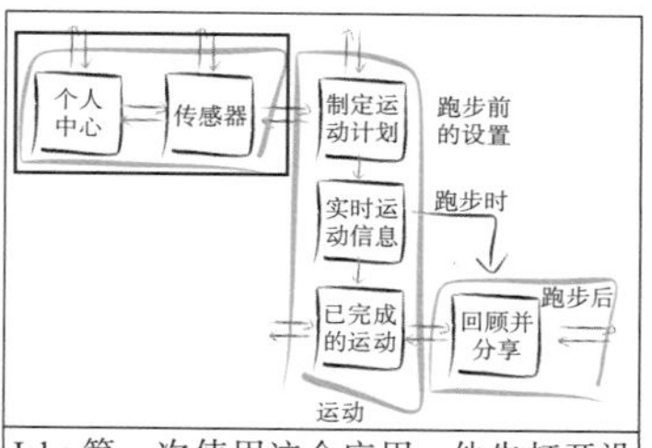

Jake 第一次使用这个应用，他先打开设置页面。首先设置账户，然后配置心率监听以使其在跑步时工作。Jake 还打算制定几个运动计划。

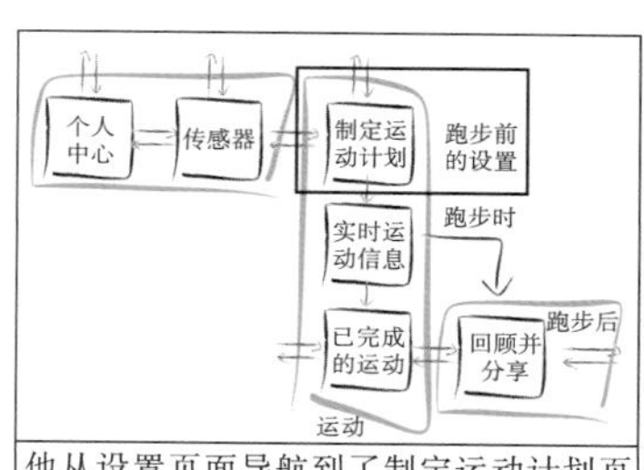

他从设置页面导航到了制定运动计划页面。他根据不同时段所计划的跑步距离制定了几个不同的运动计划。

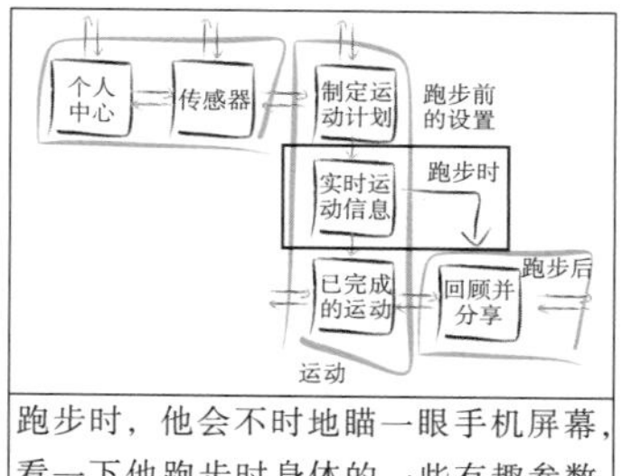

跑步时，他会不时地瞄一眼手机屏幕，看一下他跑步时身体的一些有趣参数，以及那个显示他所在位置的地图。

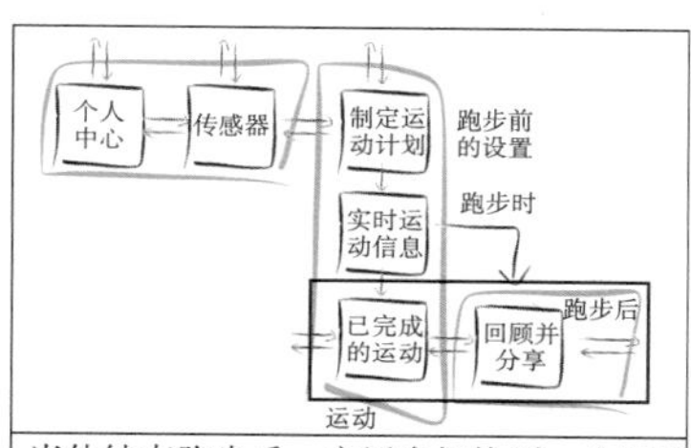

当他结束跑步后，应用会切换到一个概括整个运动行程的界面，上面显示了这次跑步状况的一些参数和图表，他还可以和之前跑步的参数进行对比。

图 16-3 一个评估场景及沿途发生的每个场景部分对应的概念模型（用黑色方框框选的部分）

下面是针对三个不同维度的列表来帮助审查。

概念模型——利用下列问题来评估模型的可用性和精华部分：

- 它是否能代表所有功能模块？
- 它是否能表达元素之间的连接关系，并反映出功能模块之间的连接？
- 导航地图是否支持工作流程？
- 模型的复杂程度是否适合用户画像和任务结构？

用户绩效——概念模型的用户绩效和可用性可通过以下问题进行评估：

- 模型是否支持位置感知?
- 模型是否支持视觉搜索?
- 模型是否能够减少操作负荷?
- 模型是否能减少记忆负荷?

可用性及用户体验——通过以下问题评估实用性方面的概念，以及关于用户体验的一些猜想:

- 模型是否支持可学习性?
- 模型是否支持完成有效交互?
- 模型是否支持高效?
- 模型是否支持良好的体验?

表 16-1 展示了一个利用这些问题评测图 16-2 所示概念模型的例子。

表 16-1　跑步示例中移动端概念模型的检查评估

评估维度	评估			备注
	完全具备	部分具备	完全不具备	
概念模型				
是否能代表所有的功能模块?		√		有些新的可能的功能是评估时想出来的。详情看后面对它们的评论
是否表现了所有相关的元素连接与功能模块连接?		√		需要考虑能否直接连接实时运动信息与回顾分享两个功能块，尤其是在跑步时进行分享
导航地图是否支持工作流?		√		推敲是否需要设置一个默认的运动计划并从此处开始交互
用户画像和任务结构的模型复杂度是否恰当?	√			这个模型很简单直观
用户绩效				
模型是否支持位置感知?	√			
模型是否支持有效视觉搜索?	√			这取决于有效视觉搜索支持的概念元素的数量

（续）

评估维度	评估			备注
	完全具备	部分具备	完全不具备	
模型能否降低操作负荷?		√		缺乏默认状态与实时运动信息的直接连接也许会导致一些操作负荷
模型是否能减少记忆负荷?	√			
可用性及用户体验				
模型是否易学?	√			
模型是否支持有效交互?	√			
模型是否高效?		√		详情看对于操作负荷的备注
模型是否体验良好?	√			

16.3　项目管理方面的考虑

此时我们已经有了一个带有导航地图的概念模型。我们对它做了评估，并在相关情况下进行了一些修订，现在可以说已经有了一个有效的模型。对这一步及其结果的影响究竟是什么呢?

我们应该考虑一些我们所能做的事情。请记住，这是一个临时结果，我们依然在工作流程中。打个比方，如果这个过程看作建房子，那我们已经做的只是打好了地基。这个“地基”具有以下意义和影响：

1）我们已经有一个基于用户调研、严格按照方法得出并具有科学基础的概念模型。

2）我们已经有一个经历过严格评估的概念模型。

3）我们已经有一个可以和他人分享的概念模型细节图。

4）我们已经有一个可用于处理细节设计的良好框架。

5）我们已经有一个可用于产品某部分制作的良好框架。

正如我们上一步中所说的，这个结果对于一些团队成员和利益相关者来说并不够具体。你可以通过下列步骤利用元素来提供一个更具体的模型来表述，但是请在最后确保，你没有跳过这些用来保障概念模型连贯性的步骤。

导航地图——核心关键点

- 基于情景和工作流程来概述导航地图。
- 需要包含导航图的入口、出口和概念模型跳转的路径。
- 给上一步的概念模型图表加上指明导航信息的箭头。
- 与你的团队成员和其他利益相关者一起利用预设的场景模型来评估，从而确定模型和导航地图。

第 17 章

导航策略：定义“交通规则”

现在，我们将按照之前所说，在这一章用确定物理任务和导航策略的方式对导航图进一步微调。从分层框架上，我们依旧处于“导航和策略”层上。本阶段工作的结果是一份将所有行为定义好的，详尽的、完善的导航图。

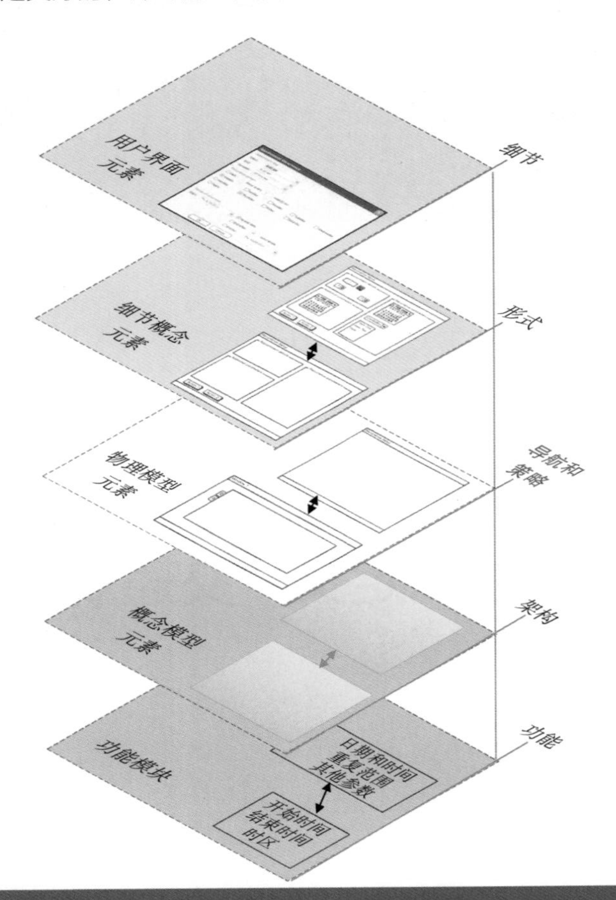

这一步应该做什么？

在导航与策略层中，与微调导航地图相关的活动主要有如下几种：

1）定义物理空间分配。

2）开始制作原型。

3）定义策略（模态）。

4）回顾并修订。

5）定义操作原则。

6）评估与修订。

17.1　定义概念元素的物理空间分配

虽然距离决定设计细节还很远，但是在这个节点上，我们需要为概念元素分配物理空间。正如在之前的章节里解释过的那样，物理空间分配对于导航和交互策略都有影响。你可以使用以下几种决策标准来为概念元素分配物理空间。

17.1.1　用户绩效目标

下述用户绩效标准已经被提出和讨论过，可以作为用户绩效目标：

- 心理模型与理解力。
- 位置感知。
- 视觉搜索效率。
- 操作（执行动作）负荷。
- 工作记忆负荷。

我们可以使用这些性能目标作为物理分配的主要决策标准（表 17-1）。

表 17-1　以用户绩效目标为标准来决定概念模型的物理分配

<table>
<tr><th>用户绩效目标</th><th>概念</th><th>物理分配</th></tr>
<tr><td>便于直观地理解</td><td>表达元素间的相似关系</td><td rowspan="4">所有的元素位于一个或少数几个屏幕或窗口中：每一模块的物理位置分开但是总体位于同一个窗口或位置里（例如，用一个矩阵模型或者是位于同一个窗口里的标签页）</td></tr>
<tr><td>支持位置感知</td><td rowspan="3">使不同元素尽量保存在较少的空间里。
缩短要完成任务需要经过的导航路径的长度</td></tr>
<tr><td>最小化工作记忆负荷</td></tr>
<tr><td>减少操作负荷</td></tr>
<tr><td>提高视觉搜索效率</td><td>最小化每个功能模块中的功能元素的数量</td><td>将元素布局在几个不同的物理位置，以使一个给定物理位置的细节数量最小化</td></tr>
</table>

就像多数时候一样，一旦涉及人类行为，我们就可能需要在目标间做出权衡。例如，一个常见的问题就是，如何权衡提升视觉搜索效果与降低操作负荷之间的矛盾。在用户调研分析、使用场景、交互平台的额外影响下，解决绩效目标之间的权衡问题。

17.1.2 隐含结论分析

与为概念模型元素分配物理空间相关的分析包括：任务分析、对象操作分析、所需交互流程分析。这些分析方法将会有以下的结果和隐含结论：

我们做某事的频率是多少？——任务分析的结果之一就是得出某一任务被执行或者预期被执行的频率。我们可以考虑将任务以及与任务具有相似频率的概念元素相邻地安排在同一或相邻的物理空间内。

我们能够同时做些什么？——综合所有分析，我们能够得知是否任务或者操作是在同一时间被完成的，或者是一个接着一个被完成的。在同一时间内完成的任务和操作，无论是对于同一个对象或不同对象，都可以考虑将它们分配在同一个或者相邻的物理空间内。

我们在做了某件事之后会接着做什么？——所需交互流程分析以及任务分析的结果之一是任务和操作被执行的先后顺序或者预期被执行的先后顺序。综合考虑任务频率以及同时间执行的任务这两个因素后，一系列连续的操作也可以被考虑放在同一物理位置或相邻位置上。

某事是否取决于另一件事？——所需交互流程分析的一个重要结果（该结果在任务分析和对象操作分析中也有体现）是操作之间的依属关系。依属关系是指要求一个操作必须在另一个操作之前完成。比如，“复制”和“粘贴”就是一个简单而且几乎每天都会在各种各样的软件和应用里运用到的依属关系，那些具有依属关系的操作可以被放在同一物理位置或者放在相邻的位置。

我们能同时看到什么？——综合所有分析能得到的另一个结果是对于任务和对象的可见性要求或预期。一个任务或对象的可见性是指其状态能够被用户注意到的等级。我

们的分析需要能够辨认出，在执行其他任务或者操作的过程中，哪些任务或者对象的状态是需要被用户看到的。那些在执行其他任务过程中被要求可见性程度相同的任务和操作可以放置在同一物理位置或者相邻的物理位置内。

直觉性和易寻找性——综合分析还能够得出元素的一种分组方式。这种方式能够促进直觉化理解并且使得用户更容易找到想要的东西。为了增加直觉性和易寻找性，具有高度相似性的任务和对象可以被放在同一物理位置或相邻的物理位置。

这些分析及其对于概念模型的物理空间分配的隐含结论被总结在了表 17-2 中。

表 17-2　对于物理空间分配决策的几种用户调研分析的隐含结论

<table>
<tr><th>分析</th><th>概念</th><th>隐含结论</th><th>物理分配</th></tr>
<tr><td>任务分析</td><td>面向任务的相似关系</td><td>相近的频率、相似的顺序、相似的并发性</td><td rowspan="3">所有的元素位于一个或少数几个屏幕或窗口中：每一模块的物理位置分开但是总体位于同一个窗口或位置里（例如，用一个矩阵模型或者是位于同一个窗口里的标签页）</td></tr>
<tr><td>对象操作分析</td><td>面向对象的相似关系</td><td>并发性、易寻找性</td></tr>
<tr><td>所需交互流程分析</td><td>流程图</td><td>先后顺序、依属关系</td></tr>
</table>

17.1.3　使用情境、使用状态与使用模式

使用情境内用户与系统和产品的互动会对交互产生影响，使用情境有以下几个层级。

1）物理情境：例如室内与室外、固定与移动、白天与夜晚、足够光照和缺乏光照的条件、安静和吵闹的场所、气温和气候、是否有移动或者震动等。

2）工作流程情境：例如当前位于某一给定的阶段、步骤、状态或者模式。比如说初次安装、设置或者配置状态，以及随后的真实使用状态。

3）个人情境：用户个人的状态，比如说新手与老手、清醒与疲劳、动力满满与怠惰疲倦等。

4）社会情境：与用户是独立使用还是与他人一起使用产品有关。这里的他人可以是团队工作、合作或者分享互动、本地或远程，以及更广义的社会环境，例如国籍、文

化、种族以及国际的协会或社会。

分析者和设计师需要综合地考虑这些不同情境因素对于为概念元素分配物理空间的隐藏含义。将概念元素放置在同一物理位置或相邻位置能够支持和促进其他更加具有挑战的情境下的交互，例如一些在认知、情感或者物理上对用户负荷更有挑战的情境。

17.1.4　交互平台

交互平台是在分配概念元素物理空间时一个非常重要的影响因素。交互平台的特征包括固定或移动、屏幕尺寸、交互设备（例如，鼠标和键盘、触摸、按钮、姿势和动作、声音、眼动等）、原生的视觉和感觉风格，以及与平台相关联的情境（例如，对于做金融交易这个任务，用自动银行机、用银行网站和用小屏幕上的一个精致的应用显然是交互平台与不同的情境相联系的结果）。

在这许许多多的平台特征之中，屏幕尺寸和原生的视觉和感觉风格可以说是影响最大的因素。简单举例，在小屏幕上，我们很难将多个概念元素放在同一个物理空间内。小屏幕会造成大量的上下滚动和平移操作以看到界面上的所有元素，或者界面上的元素因为不得不被缩小来适应屏幕大小而变得不再清晰。

尽管如此，将概念元素分配到一个或者少数几个物理空间中依然能够与小屏幕相联系。例如，一个本来为大屏幕桌面交互平台设计的网站可以通过响应式技术来适应小尺寸的屏幕。由此产生的设计保证了元素不会过于小，支持高效的观看，但它们仍位于一个网页上不同的部分，只是需要滚动和平移到不同的地方。这种方法的显著优点是不用重新设计网站，并且可以跨平台来实现类似的概念设计和细节设计。

交互平台的特征有时候甚至可推翻那些基于绩效目标、结果分析或情境因素而做出的决策。换句话说，一个将几个元素分配到同一物理空间内的设计决策可以因为交互平台是小屏幕而被推翻。这还与使用小屏幕特别的情境因素相关，比如说移动性、户外使用，经历不同的环境因素比如说光照和稳定性，以及位于私人或者更容易造成分心和被打断的社会情境下。

17.1.5　商业与品牌方面的考虑

最后，并且显然非常重要的，是对于商业目标和品牌隐藏含义方面的考虑。一个看似合理的需求可能包括：让概念元素表达产品的品牌、线上销售或者线上线下销售（这取决于商业的合作伙伴）。要满足这些需求需要将元素分配到物理空间内，从而又会反过来影响所有其他元素的物理空间分配。

17.2　开始制作原型

在为概念元素分配物理空间时，我们从用方框和箭头表达模型的阶段过渡到了用用户界面上的元素来表达原型的阶段。这是开始制作原型的绝佳时机，因为你此时开始建立的原型会随着我们继续向概念模型中添加细节逐渐地发展并且展开，并最终过渡到细节设计阶段。这个原型可以作为设计工具，与利益相关者沟通的平台，以及评估和测试的工具。请看图 17-1 跑步示例中概念元素初始原型设计的一个实例。

在图 17-1 中，我们看到的是在跑步示例中的每个交互平台模型中的概念元素的物理分配，以及模型的抽象草图。在图的顶部，我们看到在以桌面为平台的概念模型里，所有的元素都被分配到一个单一的物理位置，即一个网页中。该空间里有两个主要子空间，也就是两个标签，一个承载所有与安装任务相关的元素，另一个承载与某次运动的一些实例相关的元素。分析隐藏含义和使用情境是分配这种空间的标准，具体地，安装任务和与运动相关的任务的使用频率不同，不要求同时发生或者一次发生，也不需要同时被看到。另外，安装任务通常需要在全部启动前完成，然而与运动相关的任务却通常要在全部启动之后才能做。请回顾一下，导航地图允许同时存在多个入口和出口，这样在单一网页里的物理空间分配同样能够满足几个出入口的要求。

在图 17-2 的底部，我们看到交互平台的概念模型，在这里所有的元素都被分配到了不同的屏幕上（但是请记住事情有时候不是我们看起来的样子，我们会在下一个部分阐述策略和操作原则的时候进一步提到）。在这里，我们使用与在桌面交互平台为概念元素分配物理空间时相似的标准。安装任务通常在运行之前完成，并且在运行之前要完成传感器的设置，这些都被分配到了同一屏幕上。每一个运行中的元素都被分配到了另外

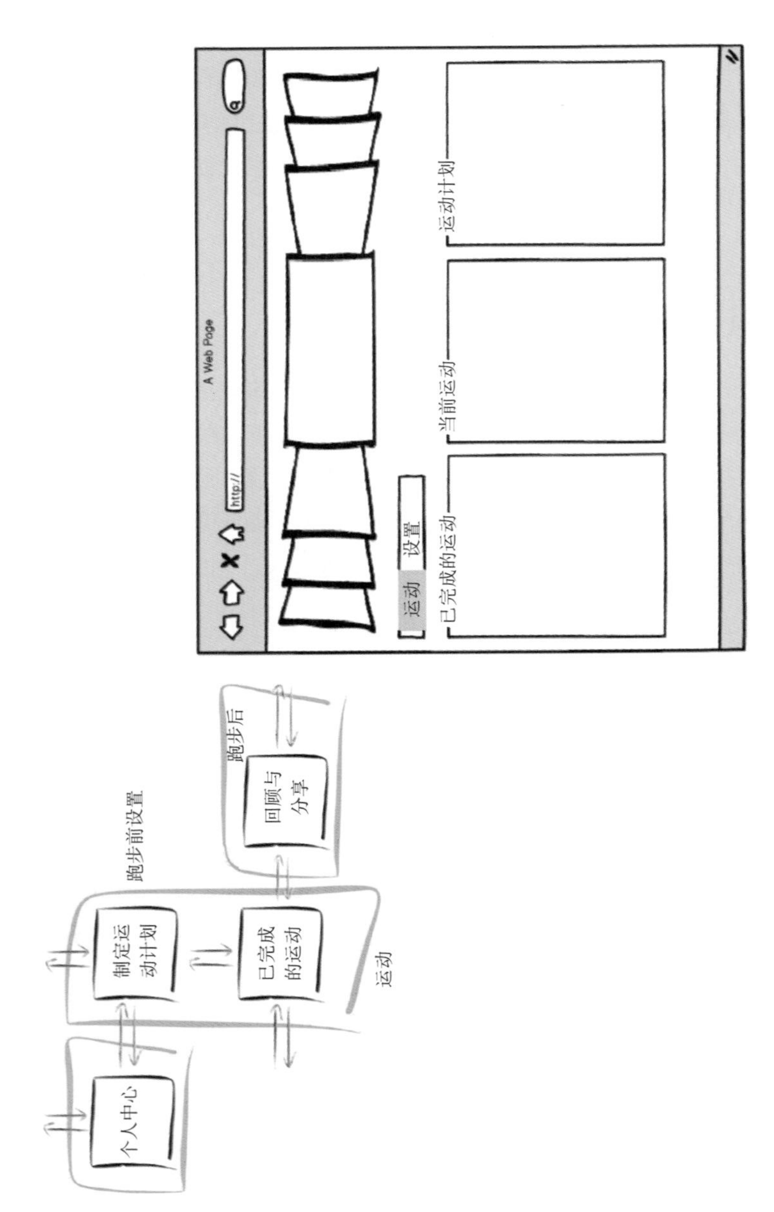

图 17-1　桌面平台概念模型的跑步示例中概念元素的物理空间分配。使用 http://balsamiq.com/ 上的 Balsamiq 创建

的屏幕上，因为它们均在不同的时间内，不同的情境下，被分配到了不同的屏幕上运行。请回顾一下，我们的导航地图上有多个出入点，在小屏幕交互平台中，我们不能以桌面的大屏幕交互平台方式为所有的这些出入点提供通路。因此，我们需要“创造”新的空间来作为所有其他元素的一个出入口，图 17-2 中顶部的元素就是这个主要出入口。

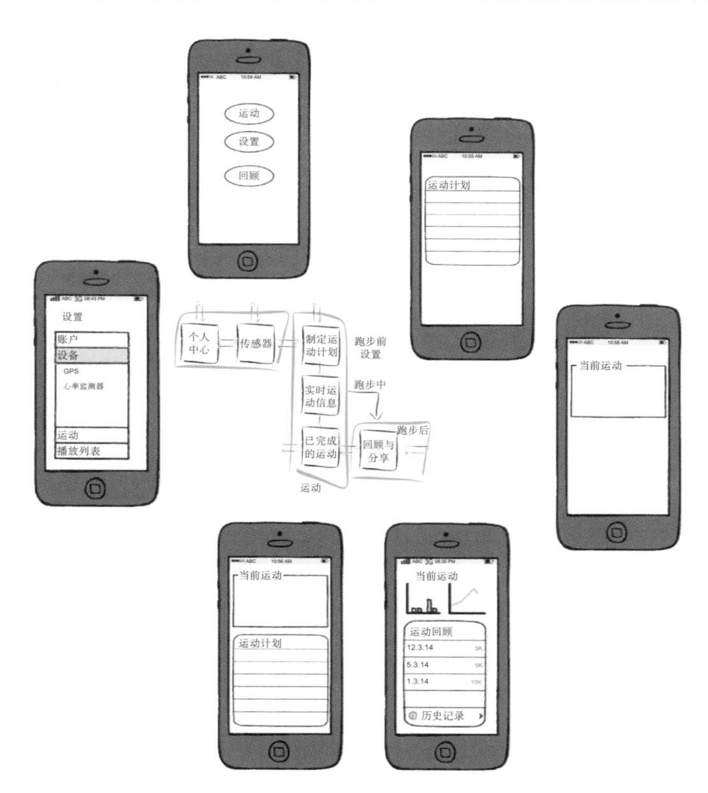

图 17-2　移动（小屏幕）平台概念模型的跑步示例中概念元素的物理空间分配。使用 http://balsamiq.com 上的 Balsamiq 创建

17.3　定义策略

导航策略是概念设计阶段要解决的一个重要问题，它与勾画导航地图以及为概念元素分配物理空间紧密相连。这里有一个关于导航策略定义的说法，策略从根本上来说是

为了应对对于模态的质疑：当与指定物理位置上的一个指定概念元素交互时，用户是否可以与相同或者不同物理位置上的其他概念元素进行交互？在作出导航和交互策略的决策的过程中，我们需要遵守和为概念元素分配物理空间相同的标准。

我们在为概念元素分配物理空间的时候做了大量模态上的决策（可参考表 6-1 的示例）。为了决定策略上的可能性，请完成以下工作：

微调分析的隐藏含义：回顾各种各样的分析工作和概念元素之间类同关系的验证工作。我们同时看到的概念元素或者与我们发生交互的概念元素应该是独立的，换句话说，无论是否被分配在了同一物理空间上，它们之间都不存在任何模态。

遵循平台具体的外观和感觉指南以及惯例：例如，在一个大屏幕交互平台中，决定采用有模态还是非模态策略需要分析窗口、对话框、屏幕之间有无模态上的联系。然而，在小屏幕交互平台上，我们一般会最终做出看起来互相排斥的元素。这是因为屏幕尺寸问题——因为屏幕尺寸限制它们通常很难同时被展示和操作——而不是刻意的设计决策。

表 17-3　在跑步示例中各个交互平台的导航策略

		模态	
		同一位置互斥	不同位置互斥
交互平台	桌面端	 窗体 1 2 3	
	移动端		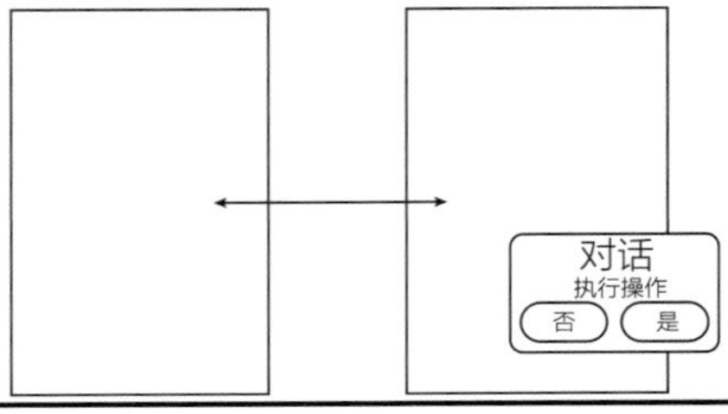 对话 执行操作 否　是

遵循在跑步示例中为概念元素分配物理空间的最初决定，我们开始研究其导致的导航策略。表 17-3 中展示了示例里导航策略的一些细节，我们可以看到，对于模态，两种平台都具有相同的策略，即使它们可能在概念元素的物理空间分配上不尽相同。在使用物理空间分配标准时，我们看到，对于桌面平台，设置任务和运动元素即使被放置在一起，它们之间也是互相排斥的。这一模态同样适用于移动通道：不同概念元素的空间相互排斥，但是它们被放置在了不同的物理空间上。

17.4　检查点：回顾并修订

此时，我们已经拥有了包含全部概念元素及其相互联系、全部被分配物理空间以及包含导航地图和策略的概念模型，我们也有了一个具有初始原型形状的模型。这时候，就应该暂停下来对工作进行检查和评估。

跑步体验示例：回顾导航地图和策略

1）收集更多关于进行设置和更改个人账户的频率的数据。此外，收集跑步者对使用移动设备的熟悉程度以及他们在跑步前、中、后使用的数据。

2）考虑根据平台来更改物理分配和策略，由于使用条件受到约束（例如，户外，天气和光照条件，疲劳），特别要考虑移动端。

3）重新考虑是否需要一个额外的屏幕作为一个主要入口点，并考虑其他元素之一，作为一个默认的入口位置，将提供访问所有其他元素的功能。

17.5　交互平台的其他含义：操作原则

至今，我们已经在交互平台的特征上花费了诸多精力。一些物理上的分配决策都基于这些特征，并随之影响到了导航地图和策略。现在，是时候提出“用户与平台的物理交互方式是否也会影响我们在概念模型设计上的决策?”这一问题了。参考本书第一部分中表 6-2 对操作原则的额外训练。

依照以下步骤思考交互平台的操作原则：

1）辨别并理解平台的操作原则（如物理交互的特征）。
2）在用户调研的基础上，通过问以下问题来思考哪一项是相关的操作原则：

- 是否与角色相符？
- 是否与使用场景相符？
- 是否与使用频率相符？

3）确定相关的操作原则对于概念元素物理分配和导航地图与策略的影响。
4）权衡利弊。
5）考虑修订概念设计（元素和导航地图）。

让我们回到跑步示例中去，看看在移动交互平台中考虑操作原则是怎样影响概念设计的。请看表 17-4 的思考。

表 17-4 跑步示例中关于移动平台的操作原则的思考

思考	细节
平台的操作原则	使用触摸滑动手势转移到另一个地方
相关性（基于用户调研）	角色：熟悉手势，并且能高效运用手势 情景：绝大多数情境下都能完成手势操作 频率：地址之间的转移不会过于频繁
对于概念模型的影响	可能会使得概念元素被分配到同一个物理空间上（对比它们之前属于不同的物理空间）
利	• 省略模态地点 • 不需要屏幕上的导航按钮
弊	• 在一些情境下可能会出现问题，比如跑步时，但场景比较罕见

鉴于以上几点思考要求我们在移动平台里进行滑动操作，我们的最后一步是考虑如何修改。你也许能够想起，在我们目前得到的概念模型中，元素由于屏幕大小的限制被分配在了不同屏里，因此让它们彼此之间看起来是互斥的。用上下滑动这一操作，我们现在可以把元素放在同一物理空间内，并用滑动来导航。在用户调研中发现和定义的工作流程图显示，在“最近运动”和“计划运动”之间的跳转比较频繁。因此，我们将这

二者放在了同一位置。你可以在图 17-3 中看到经过修改的概念模型。

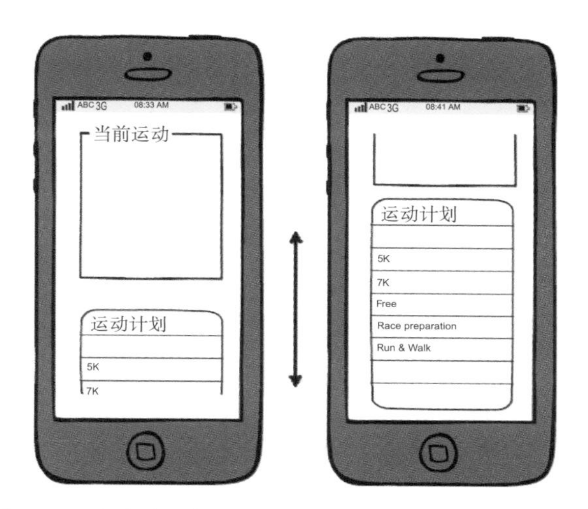

图 17-3　在跑步示例中实现移动端的上下滑动操作原则。请注意，使用这个原则将改变概念模型

在跑步示例中，将几个概念元素放到同一个物理空间同时利用滑动操作原则使得让我们重新审视将一个主要入口点作为一个单独位置的必要性。回到用户调研，并且考虑研究结果中运动元素的支配地位，我们可以做出将结合最近运动元素和计划运动元素的物理空间作为默认入口，通向其他的位置。

17.6　评估并修订

现在，我们已经为概念元素分配了物理空间，用添加导航策略的方式精心规划了导航地图，并且实施了相关的操作原则。在这个时间点上，我们应该再次评估这个展开的概念模型的有效性和良好性。评估的方法之一是以审视的角度重新提出我们之前提出的一系列问题，并且将注意力放在同样的三个维度上：概念模型、用户绩效以及可用性与用户体验（参考表 17-5）。由于我们已经有了一个初步的原型或是一个模拟的模型，我们也可以考虑用其他的方法对模型的有效性和良好性进行评估。这里“其他方法”的关键是，在专家检验之外，我们应该让用户也参与到评估的过程中来。原型能够支持参与者在某一场景之下在概念模型中走过的演练流程。至于评定标准，我们可以使用表 17-5 中的问题，也可以采取有声思维的协定，甚至是一个标准的可用性和用户体验的总结问卷（如 SUS）。

表 17-5 在跑步示例中高等概念模型的检验性评估

评估维度	评估			备注
	完全具备	部分具备	完全不具备	
概念模型				
是否能代表所有的功能模块?	√			
是否表现了所有相关的元素连接与功能模块连接?	√			
导航图是否支持工作流程?	√			
用户画像和任务结构的模型复杂度是否恰当?		√		将几个元素结合到同一个物理位置，但它们不是直接可见的，对某些人可能会造成混淆
用户绩效				
模型是否支持位置感知?		√		将几个元素结合到同一个物理位置，但它们不是直接可见的，对某些人可能会造成混淆
模型是否支持有效视觉搜索?	√			这取决于有效视觉搜索支持的概念元素的数量
模型能否降低操作负荷?	√			
模型能否减少记忆负荷?		√		将几个元素结合到同一个物理位置，但它们不是直接可见的，对某些人可能会造成混淆
可用性及用户体验				
模型是否易学?	√			
模型是否支持有效交互?	√			
模型是否高效?	√			
模型是否体验良好?	√			

17.7　项目管理方面的考虑

很多时候，在项目的环境中，我们在这个阶段会急于求成。因为在这个步骤里，我们已经将想法和概念在一个可被展示和测试的实体中被表达了出来。是不是觉得走到这一步已经花了太长的时间？首先，想想我们曾经在之前建议过，在设计过程中的很多时候，你都可以从功能模块和概念元素的抽象状态“快速前进”到更加具体的可视化状态，然后继续返回去处理其他的元素。

其次，项目团队能够有效率、高成效地管理我们至此描述的全部流程。在有效性方面，项目团队成员以及其他利益相关者都应该参与到这个过程中来。这可以保证这个产品的方方面面和全部层级，从战略到细节都能够被考虑到。这是有效的，因为它降低了很晚才意识到有重要的东西被忽略或者被误用这一情况的可能性。在效率方面，这个过程也可以被高效地管理。即使它一眼看过去是一个冗长而繁琐的过程，它的实际持续时间和生产量始终取决于这项工作的域与特征集的范围和复杂度。让我们以跑步示例为例，看一下到目前这个阶段的一个非常现实的快速过程时间估计（表17-6）。

表17-6　跑步示例的估计项目时间

活动	参与者	时间估计
用户调研	用户，其他利益相关者	2天（包括面谈与讨论组）
从数据中产生功能和需求	项目团队	1天
功能模块规划	项目团队，利益相关者	与利益相关者举行半日研讨会
建立元素模型和架构	项目团队	半天
制作原型时加入导航和策略	项目团队	1天
成型的评估和修正	项目团队，利益相关者	1天
完成概念模型草稿共计		6天

对于多平台和跨平台交互的思考：对于许多设计和开发项目来说，最普遍的一个挑战就是如何在不同交互平台上保持一致的用户体验。注意，在跑步示例中，我们同样强调了这一挑战。然而在这个例子中我们采取的方式是并行地处理跨平台的概念设计，这其实在任何意义上都是不提倡的。正如本书之前所说，我们处理多平台和跨平台设计的方法是多变的，而且取决于许多不同的因素和考虑，这已经超出了本书所讨论的范畴。

但是，在这里，我们依然展示了一些建立跨平台概念模型的方法。

导航策略——核心关键点

- 基于用户绩效目标、用户调研和交互平台考虑来为概念元素分配物理空间。
- 定义导航策略，该导航策略应该包含元素的模态规则以及它会怎样影响到导航。
- 用你最喜爱的原型工具开始原型设计。
- 暂停并回顾概念模型，将注意力集中在导航和策略上。
- 定义用户怎样在操作原则的基础上在交互平台内与模型产生物理交互。
- 结果：概念模型的初步原型，具有少量的细节和明确的导航地图与策略。
- 与项目团队成员以及其他利益相关者一起验证模型和导航地图。

第 18 章

形式层：过渡到细节设计

我们现在已经从概念设计来到了细节设计阶段。从分层框架上来讲，我们到达了形式层。简单地讲，是时候将我们的理论反映到具体图形上了。

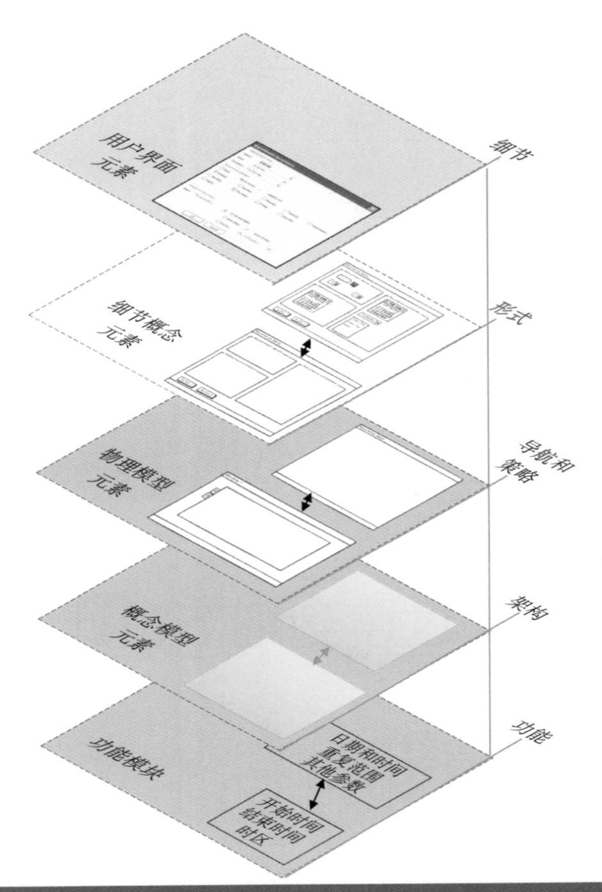

这一步应该做什么？

形式层的相关活动有：

1）设想一个隐喻。

2）添加细节。

3）开发出一个完整的故事板。

4）测试并修订。

18.1　外观概念：考虑隐喻

如本书之前所述，我们认为一个用户如果不理解，就不会使用。那么有什么好办法去帮助用户理解一个概念模型呢？我们需要思考：在帮助用户使用系统时，概念模型是匹配用户已有的心理模型，还是帮助用户建立一个新的心理模型来理解概念模型？在 UI 和 UX 设计领域有一个普遍的方法，这就是使用隐喻。隐喻是一个概念在另一种形式上的代表，使用隐喻可以帮助用户使用过于抽象、专业性的元素。

例如，世界上最有名、最流行同时也是最久远的人机交互隐喻：桌面。我们从 Xerox Star 图形用户界面说起，桌面隐喻代表的是计算机和软件元素，它们在人们熟悉的桌面环境下，以术语或者文件夹、文件、回收站和打印机之类的图标表现出来。而“书”这个隐喻，则是另一个将操作原则和视觉隐喻结合起来的范例。在不同设备上，典型电子书或者阅读类软件都具有一个类似书封面的外观，以及一条与真实书本类似的中线来显示书中“页”的概念。除此以外，使用书这一隐喻的应用还利用触摸屏幕上左右滑动的操作来模拟我们在真实书本中的翻页效果（图 18-1）。

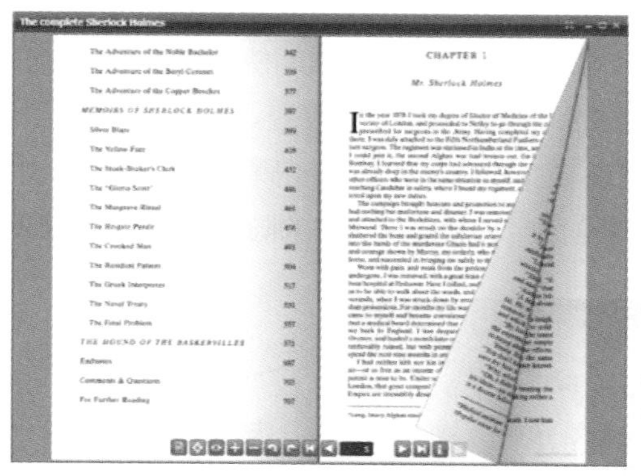

图 18-1　电子阅读器中将书的视觉隐喻与基于触摸的滑动手势操作原则结合起来

关于映射、类比和隐喻

学习使用环境中的物品时（互动产品也是一样的），Norman（1999）谈到了自然映射原则。该原则指的是通过映射控件（例如按钮）和我们试图控制或操纵的元素（例如，屏幕上的元素）的对应关系，来了解并知道该做什么或如何使用产品的能力。

映射是我们天生的能力，是利用类似性来理解并解决问题的能力。具体而言，我们可以通过解决一个与源问题类似的问题来解决源问题。要做到这一点，首先要注意两个问题间的相似性，然后映射两个问题间的对应部分之间的类比关系。基于映射的对应关系，我们可以将类似问题的解决方案应用到源问题上（Catrambone 和 Holyoak，1989；Gick 和 Holyoak，1980，1983；Holyoak 和 Thagard，1995）。

隐喻的使用非常类似于类比推理。隐喻帮助我们理解另一个概念或想法（例如，Lakkof 和 Johnson，1980）。换句话说，我们可以映射隐喻和我们知道或理解的东西之间的对应关系。

外观概念的另一个方面是概念元素的物理空间分配。一旦这样做，我们就离考虑 UI 视觉风格更近了一步。例如，决定使用标签页作为概念元素的物理空间就意味着决定了某一种视觉表现形式。标签页是从现实生活中我们所熟知的文件上的标签迁移过来的隐喻（图 18-2）。那么使用标签是否意味着我们在使用一个用于桌面的隐喻呢？不尽然，因为在互相排斥的概念元素间使用标签是非常常见的，并且这些标签会根据交互平台及其原生的风格做外观上的改变。然而，我们还是要知道，隐喻是很容易被“打破”的。回到我们之前说的那个书的隐喻，图 18-1 右边的图片在书的隐喻之上覆盖了一个工具栏。这个工具栏就打破了书的隐喻，让用户回到了标准的计算机应用的界面外观上。

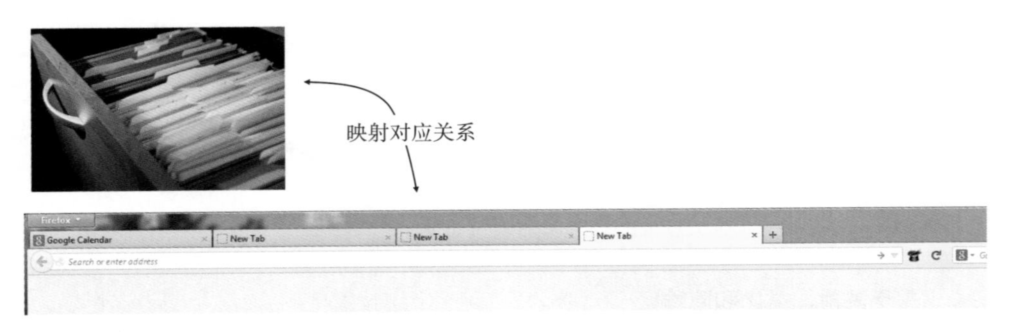

图 18-2　作为概念元素的物理位置，标签有明显的视觉隐喻

选择隐喻的步骤：

1）确定产品是否与某一个隐喻有关。需要以用户调研的结果为基础。

2）熟悉用户的语言，以及该隐喻是否在他们的生活、工作、社会、文化中被频繁使用。

3）利用用户调研来考虑用户的心理模型。

4）确定你能将隐喻使用到什么程度（参考上面书的隐喻被打破的实例）。

5）考虑原生的、传统的隐喻（例如，文件）。

6）考虑产品品牌。

18.2 加入细节

到目前为止，概念模型是一个相对高的抽象层次。选择一个隐喻能够帮助我们向概念模型中添加更多的细节。即使是在分配概念元素的物理空间的过程中，概念元素也是以没有任何细节的占位符的方式呈现的。然而，一旦我们评估和认证过了模型，就可以开始向其中添加细节了。具体地说，就是从功能模块中向模型内添加细节。

每一个功能模块的细节都是源自于用户调研和我们之前做过的分析。这些细节可以被概括为如下几点：

- *操作*——区分导航操作和在目标对象上执行的操作。导航操作是指那些能够使得用户在导航地图和概念模型中转移的操作。例如，打开或关闭一个窗口，点击一个标签页来到另一个概念元素上，或打开一个文件、应用。对于目标对象的操作主要源于对象操作分析，包括创建、修改、删除对象等（例如在跑步示例中创建一个新的运动计划）。

- *参数*——通常，每一个目标对象都与一个方便用户定义这个对象的参数相连接。在跑步示例中，计划跑步里程就是一个能够帮助用户定义任务的参数。需要注意的是，因为这个步骤是向细节设计过渡，而不是微调和最终确定细节设计，我们不需要在这个时候确定最后的让用户定义参数的用户界面元素。例如，计划跑步里程可以被放置在一个简单的文本框内或者是一个微调框内。具体使用哪一种方式在这个阶段都不必确定下来。

- *信息*——任何信息，无论是静态的还是动态的，都不是由用户来定义的。这些信息可以包括任何来自于外部但是没有被用户输入或者设置的信息。例如，市场信息、解释、描述、标题、字幕、参数的标签以及使用指南（图 18-3）。

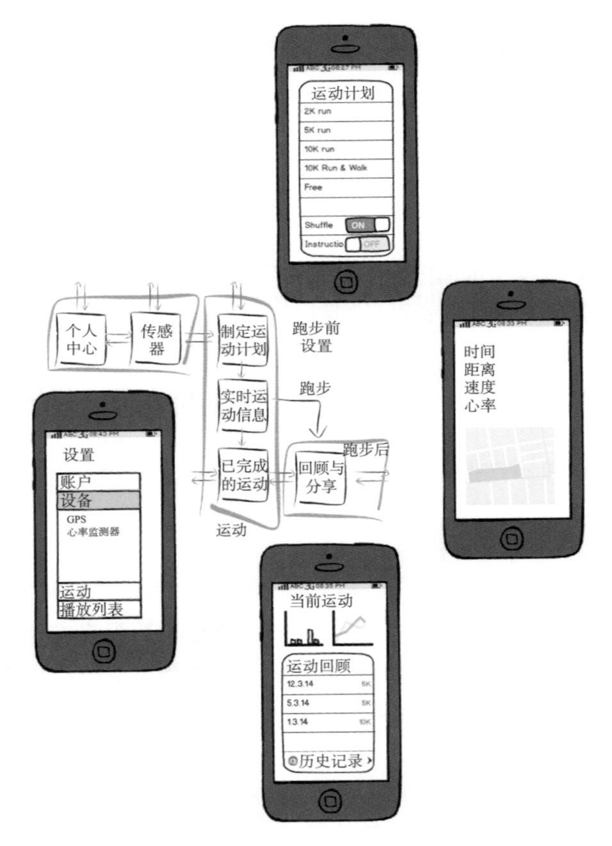

图 18-3　在跑步示例中给原型概念模型添加细节的例子（根据中心的概念模型）

18.3　制作故事板

在向设计中添加细节以及制作原型之后，我们现在可以把这些都结合起来，放在一个故事板中。故事板最初来源于视觉艺术，主要在电影和视频，以及后来的数字媒体中被使用。故事板的基本理念是以视觉图形的方式呈现一个故事的情节序列。故事板随后也被用在了需求收集（Andriole，1992）、基于场景的设计（Carroll，2000）以及用户界面设计中（Landay 和 Myers，2001）。

故事板的观念作为概念设计过程的一部分，是在关键的交互流方面，代表完整的概念模型，根据情景分析我们的用户调研。详细的故事板是传达和测试概念模型的有力工具，我们可以将它作为用户场景的形式（见图 18-4）。

Jake 第一次使用这个应用，他先打开设置页面。首先设置账户，然后配置心率监听器以使其在跑步时工作。Jake 还打算制定几个运动计划。

他从设置页面导航到了制定运动计划页面。他根据不同时段所计划的跑步距离制定了几个不同的运动计划。

跑步时，他会不时地瞄一眼手机屏幕，看一下他跑步时身体的一些有趣参数，以及那个显示他所在位置的地图。

当他结束跑步后，应用会切换到一个概括整个运动行程的界面，上面显示了这次跑步状况的一些参数和图表，他还可以和之前跑步的参数进行对比。

图 18-4　以故事方式呈现的移动平台上跑步示例的部分故事板

另一种呈现故事板的方式是创建一个与我们之前只用方框和箭头表示的导航地图不同的有原型化和细节化的关键概念元素的导航地图。

18.4　测试并修订

到目前为止，我们使用了检查工具，如在前面的步骤中提出的检查表的评估。我们没有收集“真实”的表现和经验的可能。现在，你有一个原型化和详细化的概念设计，你可以进行涉及用户和使用场景的经验形成性测试，而利益相关者可以收集各种可用性和用户体验指标。因为有了细节和原型，与早期的检查相比，我们现在已经获得了显著的额外的能力来进行评估和测试。

对于这个阶段的测试，可用性测试和测量用户体验的许多可用的书籍和资源都是相同的。我们不会详细说明在测试中的可用性测试过程，因为这本书的重点是在整个生命周期的概念设计阶段。

18.5　项目管理方面的考虑

我们现在已经有了细节设计。通常，这个设计阶段的结果是比较容易沟通的，因为我们可以展示一些具体的东西，这些东西更容易理解，我们也可以测试工作成果。那么如何才能快速得到图 18-4 和图 18-5 中所看到的？因为感觉我们经历了一长串的活动和结果，而且可能会更难以沟通和评估。

第一，这一切是如此诱人，不要跳过这之前的所有步骤。一个良好的和有效的细节概念模型，必须基于所有以前步骤中开发和验证的结果。

第二，记住团队合作的方法。所有的利益相关者应该认同这一过程，并成为它的一个组成部分。

第三，我们讨论过如何有较短和更快的前一步。记住，**目标是不一定要遵循线性过程，但要确保所有的设计层都被覆盖并最终整合。**

形式层——核心关键点

- 考虑使用隐喻来发展产品外观。
- 在功能模块的基础上，添加模型的细节。
- 用详细的原型构建一个详细的故事板。
- 本阶段的结果是一个详尽的，能够全方位展示概念模型的原型。
- 对用户、团队成员、利益相关者进行测试以验证模型和其交互。

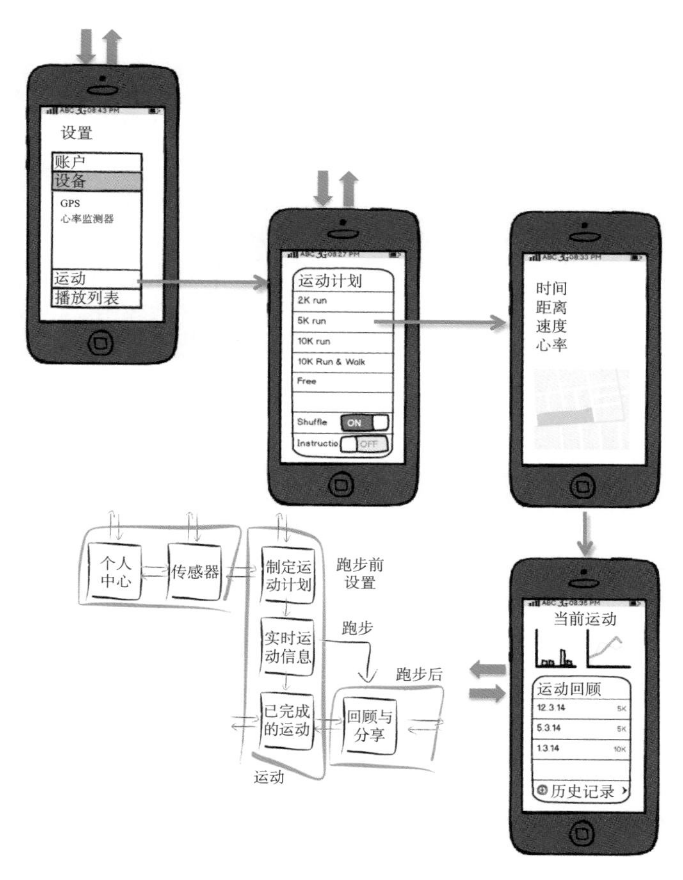

图 18-5　以导航地图形式呈现的移动平台上跑步示例的部分故事板

第 19 章

总结：概念设计方法一览

作为总结方式的一种，现在让我们把概念设计的全部方法论概括为如下图的步骤：

1）为概念模型绘制草图：绘制概念模型的草图包含了三层架构——从定义功能模块到配置模型再到勾画导航地图。

2）细化模型：通过将元素分配到物理空间、定义策略，以及微调导航和操作原则对该模型进行改进。

3）整合：最后，通过制作包涵全部原型的细节模型，把所有的内容整合在一起。

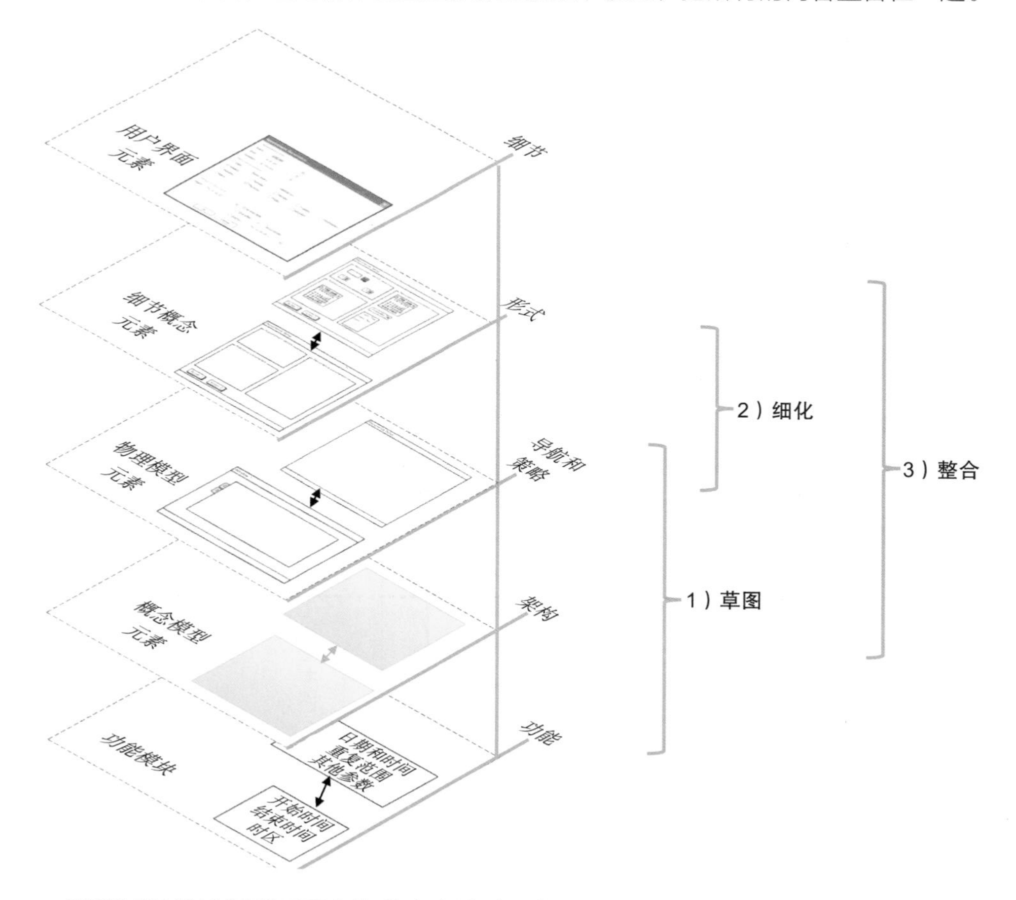

沿着过程线就得到下页中的整个方法论，你可以随身携带这一页，作为快速索引卡（表19-1）。

表 19-1　概念模型方法论地图

	1）草图	2）细化	3）整合
用户调研	用户画像 角色 内容 情景 任务和工作流 目标 商业目标 可用性目标	用户画像 角色 内容 任务和工作流 目标 商业目标 情景 可用性目标	用户画像 角色 内容 任务和工作流 目标 商业目标 情景 可用性目标
活动	定义模块 定义概念元素 配置 定义导航 评估并修订	分配物理空间 定义策略 评估并修订 定义操作原则	隐喻或明显的概念 故事板 原型 测试并修订
成果			可用性测试报告
项目	核心团队 利益相关者 数据收集 计划预算 设计评审	核心团队 利益相关者 计划预算 设计评审	核心团队 利益相关者 设计评审 计划预算 测试参与者 测试设备
科学	心理模型——理论层面 模块的记忆和理解 多任务处理、工作负荷、压力	视觉搜索 熟悉和体验 电机控制基础	色彩知觉 测试和评估原则

后记

超越概念模型，进入细节设计

从概念设计到细节设计的转变是同一个连续过程的一部分。之后，我们在概念设计中解决的问题和目标将会在细节设计中继续存在。在整本书中，我们使用了以下的用户绩效目标作为概念设计决策的指导：

- 心智模型与理解力。
- 位置感知。
- 视觉搜索效率。
- 操作（执行动作）负荷。
- 工作记忆负荷。

过渡到细节设计时，我们应该继续铭记这些目标。像每一个目标转化成概念设计时的要求那样，现在它们应该以同样的方式进一步转化为细节设计的要求。下表提供了一些从概念设计转移到细节设计时的原则和要求。

表 1 为了满足用户绩效目标，概念设计准则也作为新的准则和要求延续到了细节设计中

<table>
<tr><th>用户绩效目标</th><th>概念设计</th><th>细节设计</th></tr>
<tr><td>有助于直观的理解</td><td>表达元素之间的亲和性</td><td>布局以传达结构与关系；隐喻的一致性</td></tr>
<tr><td>支持位置感知</td><td rowspan="3">让元素集中在较少的空间内；缩短完成任务所需的导航路线</td><td>导航控件；清晰标注标题和说明文字</td></tr>
<tr><td>最小化工作记忆负荷</td><td>标题和说明文字；反馈信息；帮助和指南</td></tr>
<tr><td>降低操作负荷</td><td>提供捷径和多种途径来完成任务；提供即时操作途径</td></tr>
<tr><td>提高视觉搜索效率</td><td>最小化一个功能模块中的功能元素的数量</td><td>布局以引导视觉搜索</td></tr>
</table>

参考文献

Andriole, S. J. (1992). *Rapid application prototyping: The storyboard approach to user requirements analysis*. Wellesley, MA: QED Information Sciences, Inc.

Annett, J. (2004). Hierarchical task analysis. In D. Diaper, & N. A. Stanton (Eds.), *The handbook of task analysis for human-computer interaction* (pp. 67–82). Mahwah, NJ: Lawrence Erlbaum.

Brinck, T., Gergle, D., & Wood, S. D. (2002). *Usability for the Web*.San Francisco, CA: Morgan Kaufman Publishers.

Carroll, J. M. (2000). Five reasons for scenario-based design. *Interacting with Computers*, 13(1), 43–60.

Catrambone, R., & Holyoak, K. J. (1989). Overcoming contextual limitations on problem-solving transfer. *Journal of Experimental Psychology: Learning, Memory, and Cognition*, 15(6), 1147.

Diaper, D., & Stanton, N.A. (Eds.). (2004). *The hand book of task analysis for human-computer interaction*. Mahwah, NJ: Lawrence Erlbaum.

Garrett, J. J. (2002). *The elements of user experience: User-centered design for the web and beyond*. London: Pearson Education.

Gick, M.L., & Holyoak, K.J. (1980). Analogical problem solving. *Cognitive Psychology*, *12*(3), 306–355.

Gick, M.L., & Holyoak, K.J. (1983). Schema induction and analogical transfer. *Cognitive Psychology*, *15*(1), 1–38.

Gothelf, J., & Seiden, J. (2013). *Lean UX: Applying lean principles to improve user experience*. Sebastopol, CA: O'Reilly.

Hackos, J.T., & Redish, J.C. (1998). *User and task analysis for interface design*. New York: Wiley.

Hollnagel, E. (1988). Mental models and model mentality. In L.P. Goodstein, H.B. Andersen, & S.E. Olsen (Eds.), *Task, errors and mental models* (pp.261–268). Risø National Laboratory, Denmark: Taylor & Francis.

Holyoak, K.J., & Thagard, P. (1995). *Mental leaps: Analogy in creative thought*. Cambridge, MA: MIT Press.

Kirwan, B., & Ainsworth, L.K. (Eds.). (1992). *A guide to task analysis*. London: Taylor & Francis.

Lakoff, G., & Johnson, M. (2003). *Metaphors we live by.1980.* Chicago, IL: University of Chicago Press.

Landay, J.A., & Myers, B.A. (2001). Sketching interfaces: Toward more human interface design. *Computer*, 34(3), 56–64.

Lewis, D. (1986). *On the plurality of worlds*. Oxford: Basil Blackwell.

Lynch, P.J., & Horton, S. (2008). *Web style guide: Basic design principles for creating Web sites*. New Haven, CT: Yale University Press.

Moray, N. (1987). Intelligent aids, mental models and the theory of machines. *International Journal of Man-Machine Studies*, 27, 619–629.

Mulder, S., & Yaar, Z. (2007). *The user is always right: A practical guide to creating and using personas for the web*. Berkeley, CA: New Riders.

Navon, D. (1977). Forest before trees: The precedence of global features in visual perception. *Cognitive Psychology*, *9*, 353–383.

Norman, D.A. (1983). Some observation on mental models. In D. Gentner, & A. Stevens (Eds.), *Mental models* (pp.7–14). Hillsdale, NJ: Lawrence Erlbaum.

Norman, D.A. (1988). *The design of everyday things*. New York: Doubleday/Currency.

Norman, D.A. (1999). Affordance, conventions, and design. *Interactions*,*6*(3), 38–43.

Norman, D.A. (2004). *Emotional design:Why we love (or hate) everyday things*. New York: Basic Books.

Pruitt, J., & Adlin, T. (2006). *The persona lifecycle: Keeping people in mind throughout product design*. San Francisco, CA: Morgan Kaufmann.

Ratcliffe, L., & McNeill, M. (2012). *Agile experience design: A digital designer's guide to agile, lean, and continuous*. Thousand Oaks, CA: New Riders.

Rosson, M.B., & Carroll, J.M. (2002). *Usability engineering: Scenario-based development of human-computer interaction*. San Francisco, CA: Morgan Kaufmann.

Rosson, M.B., & Carroll, J.M. (2009). *Scenario based design. Human-computer interaction*. Boca Raton, FL: CRC Press, pp. 145–162.

Shepherd, A. (2000). HTA as a framework for task analysis. In J. Annett, & N.A. Stanton (Eds.), *Taskanalysis* (pp.9–24). London: Taylor & Francis.

Shneiderman, B. (1982). The future of interactive systems and the emergence of direct manipulation. *Behaviour & Information Technology*, *1*(3), 237–256.

Shneiderman, B. (1983). Direct manipulation. A step beyond programming languages. *IEEE Computer*, *1*(8), 57–69.

Shneiderman, B. (1998). *Designing the user interface*. Reading, MA: Addison-Wesley.

Shneiderman, B., Plaisant, C.(2010). *Designing the user interface: Strategies for effective human-computer interaction* (5th ed., 606 pages). Reading, MA: Addison-Wesley Publ. Co.

Young, R.M. (1981). The machine inside the machine: Users' models of pocket calculators. *International Journal of Man-Machine Studies*, *15*, 51–85.

推荐阅读

用户体验要素：以用户为中心的产品设计（原书第2版）

书号：978-7-111-34866-5 作者：Jesse James Garrett 译者：范晓燕 定价：39.00元

Ajax之父经典著作，全彩印刷
以用户为中心的设计思想的延展

"Jesse James Garrett 使整个混乱的用户体验设计领域变得明晰。同时，由于他是一个非常聪明的家伙，他的这本书非常地简短，结果就是几乎每一页都有非常有用的见解。"

——Steve Krug（《Don't make me think》和《Rocket Surgery Made Easy》作者）